RISCALDAMENTO GLOBALE, MIGRATORI E SUO EFFETTI

Effetti sui cambiamenti climatici

Habitat

Archer Buckley

Contenuti

Capitolo 1 Riscaldamento globale, migrazione e acclimatamento 3

Capitolo 2 Paesi di interesse 10

Capitolo 3 Raccolta dati 27

Capitolo 4 Valutazioni del cambiamento climatico, delle perturbazioni meteorologiche e degli effetti domestici 118

Capitolo 5 Paure meteorologiche, effetti e capacità delle famiglie ... 143

Capitolo 6 In che modo le famiglie affrontano e si adattano ai cambiamenti climatici 166

Capitolo 7 Le esportazioni di beni e servizi raggiungono le popolazioni nelle aree climatiche vulnerabili . 171

Capitolo 1 Riscaldamento globale, migrazione e acclimatamento

Il cambiamento ambientale è noto come la scommessa più seria per il raggiungimento degli Obiettivi di Sviluppo del Millennio. Vi sono prove crescenti del cambiamento ambientale che si sta trasformando in un ulteriore motore di ricollocazione, sia all'interno che oltre i confini. A causa della lentezza dell'inizio, i fattori ambientali comunicano con altri fattori chiave, tra cui l'assenza di un lavoro rispettabile e il potenziale di affari aperti, l'amministrazione debole e la ferocia tra le comunità e così via. Allo stesso modo, le aree che utilizzano la maggior parte dei lavoratori sono probabilmente le più indifese contro il cambiamento ambientale. Nel momento in cui i mezzi di sussistenza sono compromessi e nella remota possibilità che la resistenza sia in discussione, le persone si spostano alla ricerca di porte aperte meglio. Questo è un modello in aumento, soprattutto tra i giovani.

Per quanto riguarda il cambiamento ambientale, il movimento è più frequentemente visto come una delusione di trasformazione. Tuttavia, il trasferimento può essere una reazione versatile e significativa per gli individui che affrontano cambiamenti o calamità ecologici a lento inizio. L'esperienza precedente dell'ILO ha dimostrato che la ricollocazione del lavoro, se amministrata in accordo con le norme globali del lavoro, può assumere un ruolo significativo nell'avanzamento delle due nazioni di inizio e di obiettivo.

Il movimento del lavoro può essere utilizzato per rafforzare le reti attraverso l' età degli insediamenti, lo scambio di informazioni e abilità e il progresso di organizzazioni che possono stimolare le imprese e nuovi settori di attività. Nel caso in cui i viaggiatori che attraversano i confini per variabili legate all'ambiente possano farlo attraverso canali protetti e ordinari e possano arrivare a progettare porte aperte di attività commerciali, sono tenuti a contribuire decisamente alla svolta degli eventi della loro nazione di origine. Allo stesso tempo, il trasferimento potrebbe ridurre la pressione della popolazione sulle condizioni incentrate sull'ambiente e potrebbe aiutare le nazioni obiettive aiutandole a colmare le carenze lavorative. La portabilità del lavoro e gli accordi di variazione basati sulla supervisione e sui privilegi possono offrire una preziosa opportunità per supportare la forza e l'avanzamento dell'aggiornamento, riducendo al contempo la scommessa di futuri traslochi.

Tendere alle carenze del buon lavoro e alla loro connessione con le influenze legate all'ambiente come fattori alla base del movimento può aiutare a perseguire il trasferimento di una decisione, non di una necessità. L'ILO è strategicamente situato per lavorare vicino agli stati e alle riunioni locali per pensare al lavoro di ricollocazione del lavoro all'interno dei sistemi di trasformazione dell'ambiente e in aggiunta a un semplice progresso verso economie naturalmente sostenibili. Allo stesso modo, il quadro multilaterale dell'ILO per il movimento del lavoro offre indicazioni e guida ai costituenti sulle numerose caratteristiche della ricollocazione del lavoro e potrebbe fungere da strumento per l'avanzamento, la conferma e l'esecuzione delle strategie.

Allo stesso modo, l'ILO ha preso parte a iniziative mondiali attraverso l'UNFCCC e le Conferenze delle Parti (COP). Inoltre, un nuovo MOU è stato approvato con l'UNCCD per combattere la desertificazione e le difficoltà legate al movimento. Allo stesso modo, l'ILO partecipa alla Task Force sugli sfollamenti nell'ambito del meccanismo internazionale di Varsavia per perdite e danni. Allo stesso modo, l'ILO si sta aggiungendo alla Platform on Disaster Displacement (PDD) attraverso l'esecuzione di compiti e strategie territoriali e coordinate.

Per utilizzare completamente il miglioramento del potenziale di buon lavoro apre le porte all'estero, un numero in via di sviluppo di nazioni ha iniziato a definire strategie di movimento del lavoro pubblico o progetti di attività che rispecchiano le esigenze delle popolazioni fortemente influenzate dai fattori di cambiamento ambientale. L'ILO offre un aiuto specializzato a quelle nazioni per raggiungere i loro obiettivi di avanzamento attraverso la preparazione, l'esortazione e il sostegno per l'esecuzione di mediazioni per far avanzare un lavoro rispettabile, sia in patria che all'estero.

Un'attività congiunta è importante per affrontare le questioni legate al cambiamento ambientale. L'avanzamento delle posizioni aperte verdi può essere ricercato vicino a mediazioni per lavorare sull'amministrazione del trasferimento del lavoro e sull'assicurazione dei lavoratori viaggiatori per moderare gli impatti antagonisti legati al cambiamento ambientale. Il ramo del movimento di lavoro dell'ILO sta lavorando in questo momento insieme alle posizioni verdi e ad altri rami specializzati sul cambiamento ambientale e sui progetti correlati al trasferimento del lavoro.

Capitolo 2 Paesi di interesse

Le persone hanno irradiato circa 450 miliardi di tonnellate di carbonio dal moderno sconvolgimento che si è aggiunto all'attuale emergenza ambientale mondiale. Inoltre, la dipendenza dall'agroeconomia, l'utilizzo dei derivati del petrolio e le moderne esercitazioni da parte delle nazioni non industriali hanno assunto enormi impegni per aumentare i gradi di sostanze che riducono l'ozono (GHG) che hanno aumentato l'aumento della temperatura in tutta la Terra e supportato un ambiente in evoluzione. La Convenzione quadro delle Nazioni Unite sui cambiamenti climatici ha caratterizzato il cambiamento ambientale come un cambiamento diffuso direttamente o in modo indiretto all'azione umana, modificando la creazione dell'aria mondiale. Le progressioni negli attributi ambientali che incorporano temperatura, umidità, precipitazioni e vento, tra gli altri, sono influenzate dai cicli normali e umani in periodi di tempo significativi.

I gas serra principali e più abbondanti nell'aria sono fumi d'acqua, anidride carbonica (CO_2), metano (CH_4), protossido di azoto (N_2O) e gas fluorurati (HFC, PFC, SF_6). L'anidride carbonica (CO_2) costituisce il 60% delle sostanze dannose per l'ozono che modificano l'equilibrio del ciclo del carbonio. Vengono irradiati nel nostro delicato ambiente attraverso esercizi umani, ad esempio l'industrializzazione, il consumo di fossili, l'eruzione di gas, l'urbanizzazione e l'orticoltura. Aumentano le temperature mondiali, disturbando successivamente gli attuali cicli finanziari e naturali.

Allo stesso modo, gli esercizi umani possono ridurre la quantità di carbonio trattenuta dall'ambiente attraverso la deforestazione, il cambiamento dell'uso del suolo, la contaminazione dell'acqua e la creazione rurale. Inoltre, anche le nazioni emergenti sono impegnate in una mostruosa deforestazione a causa del doppio gioco di asset, dell'estensione metropolitana e dell'orticoltura in particolare, che possono liberare il carbonio dallo sporco a un ritmo più rapido di quanto non venga soppiantato.

L'idea di Garrett Hardin della "terribilità del centro " distingueva il fatto che le attività umane incustodite sono responsabili del consumo di beni normali e l'immensa divisione ecologica divide la differenza nel lungo termine. Le regioni rustiche che affrontano la base patrimoniale spesso si deteriorano a causa dell'esaurimento delle risorse e riducono l' impatto delle indecenze metropolitane. Il forte interesse per il clima e il metodo non protetto per la manipolazione dei componenti grezzi sono contrari al cambiamento ambientale e al clima. Fattori come sconsiderata/imbarazzante, preparazione non partecipativa, non esecuzione e richiesta di accordi, tra gli altri, sono stati l'aspetto più spregevole di nazioni agricole come la Nigeria.

In ogni caso, con il nuovo modello di alterazione della temperatura mondiale e il grado di responsabilità dell'uomo nell'aggravarsi al cambiamento ambientale, c'è preoccupazione ecologica verso la manutenibilità. L'idea di gestibilità si è trasformata in un processo di miglioramento significativo che lavorerà con asset i dirigenti e la minimizzazione degli effetti degli esercizi umani. La Commissione mondiale per l'ambiente e lo sviluppo caratterizza il miglioramento mantenibile come "un progresso che affronta i problemi dell'era attuale senza compromettere la capacità delle persone in futuro di affrontare i propri problemi".

La parte centrale della definizione è la conservazione e il miglioramento dei beni. Successivamente, dovrebbe esserci un'attenta collaborazione con il clima durante il tempo dedicato al miglioramento per evitare l'esaurimento del normale patrimonio e inoltre tenere conto della ricostruzione a lungo termine della qualità ecologica. Indiscutibilmente, è necessario adeguare il metodo umano per il double-dealing/creazione di asset e la manutenibilità naturale poiché i loro risultati influiscono negativamente sul clima. Di conseguenza, la necessità di rilevare il grado di impegno della scena favorente per un aumento della temperatura terrestre e i conseguenti risultati del cambiamento ambientale in questi distretti con centro intorno alla Nigeria come indagine contestuale e inoltre di proporre potenziali accordi è l'ispirazione per questa revisione .

La Nigeria è posizionata al settimo posto sul pianeta e ha una popolazione prevista di oltre 200,96 milioni. Rappresenta circa il 47% della popolazione dell'Africa occidentale, ricordando le più grandi popolazioni di giovani del mondo. Di sicuro, la Nigeria è il golia dell'Africa con un'organizzazione che comprende 36 stati indipendenti, possiede un'area geologica di 923.768 kmq, ha una ricchezza di risorse, è il più grande esportatore di petrolio ed è il più grande risparmio di gas di petrolio nella terraferma, ma una società multietnica e socialmente diversa con più di 500 diversi gruppi etnici. La Nigeria è onorata di fisico, regolare e risorse umane; ciononostante, è circondata da vari problemi naturali che sono stati esacerbati dall'emergenza ambientale che ha influenzato le sue aree finanziarie e politiche.

La Nigeria e la maggior parte delle nazioni emergenti che ignorano i loro colossali depositi di beni ordinari dipendono ancora fortemente dalla creazione di orticoltura per le loro occupazioni. Si stima che una somma di 133 miliardi di tonnellate di carbonio sia stata persa da quando le persone originariamente erano sprofondate nella vita orticola quasi un po' di tempo fa. Allo stesso modo, anche la creazione di colture e lo sgranocchiare le mucche hanno contribuito in modo simile alle disgrazie mondiali. Inoltre, una revisione fatta da Brandt et al. ha inoltre affermato l'impegno dell'agricoltura per la ritenzione del carbonio nell'aria scoprendo che gli stock di carbonio della vegetazione dell'Africa subsahariana sono cambiati da qualche parte nell'intervallo tra il 2010 e il 2016 con una carenza generale di 2,6 miliardi di tonnellate di CO_2 negli oltre 7 anni e disgrazie annuali in media a 367 milioni di tonnellate di CO_2. Nazioni emergenti come il Ghana, la Costa d'Avorio, la Nigeria, l'Uganda e il Kenya stanno registrando il più grande calo degli stock di carbonio con suggerimenti che il cambiamento ambientale potrebbe rendere più regolari le occasioni oltraggiose.

Così, le nazioni emergenti si presentano alla debolezza dell'ambiente; successivamente, i posti di lavoro, le regioni metropolitane, le fondazioni, le anime viventi, il benessere, la vita finanziaria e il clima inventato sono compromessi, soprattutto in Africa dove le pratiche economiche versatili sono eque. Con un basso limite istituzionale, innovazione raffinata, finanza e beni soddisfacenti sono limitati in questi distretti poveri e più deboli.

È molto inquietante che la velocità con cui la temperatura aumenta stia accelerando una frequenza mondiale di alterazione della temperatura, scoprendo la necessità di lavorare in modo innocuo per le scelte dell'ecosistema e misure versatili per le linee guida ambientali per migliorare le aspettative climatiche estreme. È la necessità di esaminare l'impegno della scena promotrice per un aumento della temperatura a livello terrestre e gli esiti del cambiamento ambientale in questi distretti con centro intorno alla Nigeria come indagine contestuale che ha provocato questi rilevanti e le loro potenziali disposizioni:

1. Qual è la situazione ambientale attuale in Nigeria e in altre nazioni agricole?

2.Quali sono le variabili restrittive significative che alimentano l'ambiente che rischia in queste località?

3.Quali sono gli effetti del cambiamento ambientale in queste località?

4. Quali sforzi stanno facendo queste località per salvare le circostanze ambientali?

5. Quali sono le lacune nell'esame incentrato sul cambiamento ambientale in Nigeria e in altri paesi emergenti?

Le nazioni create hanno avuto la possibilità di limitare gli impatti sfavorevoli del cambiamento ambientale a causa di alcune variabili come il beneficio normale, le procedure ad alta variazione, l'elevata innovazione, il quadro orticolo motorizzato e lo stato di abbondanza. Ad esempio, le nazioni, ad esempio Norvegia, Nuova Zelanda, Svezia,

Finlandia e Danimarca, erano generalmente considerate pronte ad adattarsi ai cambiamenti ambientali.

In ogni caso, un rapporto di ND-GAIN ha mostrato che ci vorranno oltre 100 anni prima che le nazioni più sfortunate del mondo raggiungano il limite versatile attuale delle nazioni OCSE più pagate. Tragicamente, le nazioni non industriali, ad esempio, la Nigeria hanno avuto incidenti significativi che hanno accentuato i problemi di cambiamento ambientale. Date le aspettative formulate dalle associazioni di ricerca sul cambiamento ambientale e dai rapporti logici, vi sono una maggiore ricorrenza e forza del cambiamento ambientale nelle nazioni non industriali, in particolare in parti dell'Asia e dell'Africa. Questa debolezza ha provocato alcuni effetti ecologici rilevati in modo significativo come inondazioni, periodi di siccità, carenze alimentari, ondate di calore e scommesse sul benessere, tra gli altri.

Il destino delle nazioni non industriali, nonostante un ambiente mutevole, nel caso in cui le attività adeguate non vengano sostenute immediatamente sarà orrendo. Di sicuro, l'Africa subsahariana sarà la zona più debole con un quadro fornito in modo inefficace, la creazione di cibo pro capite nostrano è diminuita del 10% negli ultimi 20 anni e circa 800 milioni di persone non sono adeguatamente curate. Chiaramente, l'emergenza globale che copre la vita sfortunata e la cura delle condizioni sarà ulteriormente aggravata dai risultati del cambiamento dell'ambiente con problemi pervasivi di fragilità alimentare e scommesse sul benessere.

L'Africa occidentale sperimenta le migliori disgrazie a causa del cambiamento ambientale, con incrementi compresi tra il 36 e il 44% delle disgrazie per l'intera terraferma e tra il 42 e il 60% del PIL provinciale agricolo. L'IPCC e il cambiamento climatico hanno previsto che la liquefazione di massa ghiacciata amplierà le inondazioni e gli smottamenti torrenziali e influenzerà le risorse idriche in Tibet, India e Bangladesh. Il Bangladesh sarà il più colpito alla luce del fatto che entrambi sono bassi e hanno circa 13 milioni di individui e il PIL pro capite di Dhaka è il minore della relativa moltitudine di comunità urbane. Ciò influenzerà la sua capacità di adattarsi ai cambiamenti ambientali.

Il rapporto di UN-Habitat ha inoltre espresso che oltre ciò che un miliardo di gruppi potrebbe avere carenze idriche entro il 2050. Il sud-est asiatico, in particolare i distretti uber delta vigorosamente popolati, saranno in pericolo di inondazioni. Circa il 30% delle barriere coralline asiatiche andrà probabilmente perso nei prossimi 30 anni a causa di numerosi oneri e cambiamenti ambientali. I danni alle comunità urbane costiere influiranno anche sull'industria dei viaggi. Ad esempio, la città balneare di Mombasa, in Kenya, potrebbe perdere il 17% della sua proprietà, il che influenzerà le comodità e gli elementi che attirano l'industria dei viaggi. I cambiamenti nelle precipitazioni aumenteranno le malattie diarroiche essenzialmente legate alle inondazioni e alle stagioni secche e potenzialmente aumenteranno la circolazione della febbre della giungla.

Entro il 2080, un incremento del 5-8% dei terreni aridi e semi-aridi viene esteso in un ambito di situazioni. Attualmente entro il 2020, da qualche parte nell'intervallo tra 75 e 250 milioni di individui verrà presentata una pressione idrica ampliata a causa del cambiamento ambientale. Si prevede che la creazione rurale, compreso l'accesso al cibo, sarà seriamente compromessa. In alcune nazioni, i rendimenti delle piogge che si sono occupati dell'agrobusiness potrebbero essere ridotti fino alla metà. L'ascesa del livello dell'oceano influenzerà importanti comunità urbane nelle regioni costiere basse, come Alessandria, Il Cairo, Lomé, Cotonou, Lagos e Massaua; Cambiamento climatico 2007. Pertanto, le nazioni emergenti hanno bisogno di misure ragionevoli per definire un ambiente a basse emissioni di carbonio.

Capitolo 3 Raccolta dati

1. Presentazione

Il cambiamento ambientale è un grave problema di oggi, per il quale i modelli basati sull'informazione e le strategie di aiuto alla scelta offrono una comprensione più ampia della sua complessità. Lo scopo di questo documento è scoprire le procedure basate sull'informazione e la loro materialità per quanto riguarda le indagini ambientali. Tanto più definitivamente, come potrebbero i Big Data, attraverso la scienza dell'informazione, rispondere ai problemi dell'ambiente di gestibilità ed essere pertinenti nelle esplorazioni logiche e nelle scienze della scelta in modo coordinato.

Lo schema è diretto attraverso tre pensieri strettamente correlati, in particolare, (1) la scienza dell'informazione come un intelligente campo interdisciplinare associato con (2) l'IA che è un dispositivo per lavorare sulle aspettative programmate o sui cicli di scelta e (3) i Big Data che incoraggiano gestire e associare enormi quantità di informazioni eterogenee. Il punto centrale di questo esame è l'interconnessione dei complicati framework relativi all'ambiente, per i quali l'indagine sui Big Data fornisce un abile comparto degli strumenti.

Le domande di ricerca formavano tre prospettive, che la nota ha mantenuto al centro dell'intero documento:

• Come e quando i Big Data compaiono negli esami relativi all'ambiente?

• Quali ricerche sono state fatte riguardo alle applicazioni dei Big Data negli studi ambientali e come sono organizzate?

• Come coordinare le informazioni accumulate in esplorazioni esplicite assortite?

L'anno 2015 ha ottenuto ulteriore fervore nel campo delle intestazioni di esame riguardanti il cambiamento ambientale, poiché le Nazioni Unite hanno pronunciato 17 obiettivi di progresso economico, di cui "Fai una mossa critica per combattere l'ambiente e i suoi effetti" ed è stato contrassegnato l'accordo di Parigi, che disturbare la moderazione delle emanazioni, variazioni e denaro di sostanze nocive per l'ozono nel 2015 con lo scopo particolare di mantenere la temperatura normale mondiale sale ben al di sotto di 2°C sopra i livelli premoderni e successivamente procedere con sforzi per mantenere la temperatura mondiale aumenta al di sotto di 1,5°C sopra pre -livelli moderni, percependo che ciò ridurrà sostanzialmente i pericoli e gli effetti del cambiamento ambientale. Questo tipo di messa insieme di standard sostiene la complicata indagine delle scienze disciplinari vecchio stile con una metodologia completa e interdisciplinare. Nuovi tipi di approcci richiedono esami e modelli sostanzialmente più sbalorditivi e, in questo modo, alcuni gradi significativi in più di informazioni, che hanno ringiovanito i Big Data come disciplina logica indipendente.

I dispositivi basati su dati di grandi dimensioni sono ormai ampi in questa nuova scienza sbalorditiva, ad esempio, per schermare i cambiamenti occasionali nei cambiamenti ambientali, comprendere il cambiamento ambientale come una visione del mondo della scienza dell'informazione orientata a un'ipotesi, capire come affrontare i pericoli del cambiamento ambientale , indagare su fonti di informazioni delicate, ad esempio Twitter, o mostrare le capacità di Systems of Systems (SoS), ad esempio, l'analisi della costruzione e delle connessioni tra stabilimenti e discipline di un framework digitale mondiale di Big Earth Data: il sistema globale di osservazione della Terra dei Sistemi (GEOSS).

Oggi, chiaramente la scienza della gestibilità è intrecciata con la scienza dell'informazione, in ogni caso, con il sostegno del piano d'azione dell'economia rotonda, la complessità del vault delle questioni si è ulteriormente ampliata, quindi è fondamentale ricordare le tecniche di informazione e di esame per il sistema, mentre i risultati della ricerca provenienti da vari campi possono essere utilizzati in campi diversi. Inoltre, i modelli nella scienza dell'ambiente e della manutenibilità stanno guidando i modelli verso obiettivi più elevati, complessità più importanti e gruppi più grandi, il che richiede approcci multidisciplinari nelle scienze computazionali ambientali. Questo esame fornisce un profilo di livello più significativo dell'interconnessione di discipline, quadri, informazioni e dispositivi connessi al cambiamento ambientale, indagando ulteriori focus centrali sulla necessità di un grado più profondo di riconciliazione, sulla base del fatto che una separazione tra importanti spinte industriali e l'esplorazione logica è ancora sperimentata. Proponiamo di affrontare questi incarichi di unione e disimpegno dal pensiero del Sistema dei Sistemi.

Questo schema cerca di affrontare queste inadeguatezze. Le fonti di dati (informazioni, notizie, set di dati logici) possono essere collegate, facendo notare il significato futuro delle informazioni aperte e connesse. L'esame attuale fa notare il pensiero System of Systems (SoS), poiché i driver e gli impatti del cambiamento ambientale, anche come flessibilità e variazione, devono essere raggiunti attraverso l'ideale riconoscimento e il doppio gioco di collaborazioni e compromessi tra le nuove voci di esplorazione.

La strategia di esame inquadra subito l'identificazione dei problemi scientifici di supportabilità nell'area 2, che ha rivelato i problemi associati e gli impegni che potrebbero essere sorti per avere successo. Ha garantito che l'attività sostenibile della natura e della società richieda la metodologia dei quadri di riferimento insieme al mix di applicazioni di Big Data in esplorazioni logiche, culturali e politiche legate all'ambiente. Ciò è in accordo con la scommessa in via di sviluppo delle zone di vulnerabilità presenti nel sistema dei limiti planetari. Quindi, sono state studiate le attuali utilizzazioni dell'esame delle informazioni connesse sul campo . Per una comprensione più profonda e ristretta, scrivere un sondaggio dipendeva dalla strategia PRISMA (Preferred Reporting Items for Systematic Reviews and Meta-Analyses), che si aggiunge all'indagine e alla valutazione degli articoli correlati. La ricerca ha un centro ragionevole e ristretto intorno all'idea multidisciplinare della questione;

quindi la valutazione non esclusiva non è ragionevole. 57 articoli di indagine sono stati esaminati esclusivamente per distinguere le regioni centrali e le buche di esame nelle applicazioni dei Big Data nelle esplorazioni del cambiamento ambientale. È stato utilizzato un meta-esame metodico per distinguere come le informazioni si accumulano in aree centrali assortite e per rimuovere importanti dati sottostanti. I co-eventi di slogan sono stati analizzati rispetto a 442 articoli che ritraggono la connessione tra cambiamento ambientale e Big Data.

Nei segmenti di accompagnamento, le domande di ricerca menzionate in precedenza vengono spiegate e risposte attraverso la scoperta del significato crescente dell'ipotesi del Sistema dei Sistemi. Le energie collaborative tra i nuovi titoli di esame e le nuove discipline dovrebbero essere studiate per decidere i fattori trainanti e gli impatti delle questioni ambientali, nonché per fornire una variazione vitale competente e un piano di soccorso che consideri allo stesso modo gli elementi socio-naturali. La nostra struttura SoS proposta è una reazione a queste informazioni incorporate dai dirigenti, come un primo passo verso la registrazione dell'ambiente.

Nel segmento 2, alle domande sull'ipotesi della scienza della gestibilità si risponde pensando al bisogno fondamentale delle applicazioni della scienza dell'informazione. Nel segmento 3 si accentuano le informazioni eterogenee del board, gli apparati e le strategie dei Big Data.

L'ordinata ricognizione degli esami del cambiamento ambientale si trova nel segmento 4, che ricorda le associazioni tra Big Data e ambiente per il segmento 4.1, nonché uno schema di base delle varie strategie nel segmento 4.2. Gli angoli sociali sono descritti nel segmento 4.3. Alla luce dello schema, dalle nuove scoperte della ricerca relativa all'ambiente, un particolare sistema SoS viene introdotto nel segmento 4.4 e l'intreccio di SoS e SDG viene esaminato nel segmento 5, dove vengono riassunte le idee per future intestazioni e applicazioni di esplorazione.

2. Questioni di scienza della sostenibilità

La complessità delle questioni ambientali richiede sistemi versatili per l'approccio pubblico, attività per indurre comportamenti sociali e il progresso delle reazioni amministrative e riproduttive del mercato alla vita finanziaria. Per soddisfare questa complessa esigenza culturale, la ricerca si è concentrata sulla comprensione delle ragioni del cambiamento ambientale, sul miglioramento dei modelli preveggenti e sulle disposizioni di soccorso, nonché sull'indagine sulle possibilità di plasmare le mentalità sociali.

Una metodologia interdisciplinare è fondamentale per quanto riguarda l'identificazione di quasi tutti i problemi relativi all'ambiente e il miglioramento delle loro risposte. Questo punto di vista interdisciplinare ha plasmato l'ipotesi della scienza della supportabilità per acquisire una comprensione esauriente dell'interrelazione tra clima e società.

Questa ipotesi è incentrata su questioni transdisciplinari , alle quali occorre rispondere applicando gli apparati della scienza dell'informazione.

• Come potrebbe essere rappresentato e spezzato il legame unico tra natura e società?

Frameworks Dynamics Modeling sarà in generale un dispositivo normalmente utilizzato mentre descrive ed esamina l'interrelazione unica tra clima, economia e società. Questa idea è chiaramente rappresentata dal modello World3, che descrive la connessione tra popolazione, sviluppo moderno, creazione di cibo e requisiti del sistema biologico dopo qualche tempo per il Club di Roma nel libro intitolato "The Limits to Growth". L'indagine sulla connessione tra i fattori di stato del modello richiede un'esplorazione interdisciplinare designata. I dispositivi della scienza dell'informazione possono fornire questo esame più produttivo con l'età computerizzata e l'approvazione delle speculazioni sulle relazioni, poiché i modelli basati sull'informazione oltre l'indagine delle connessioni probabilistiche possono fornire dati sulla causalità. Uno degli impegni principali per un esame più completo degli impatti ambientali è la combinazione e il consiglio di informazioni e dati eterogenei che lavorano insieme. L'evidenza di questa potenziale metodologia è un'indagine contestuale che collega i fattori finanziari per studiare l'impatto dell'ambiente sui quadri di creazione alimentare mondiale.

- In che modo potrebbero essere affrontati i differimenti, la latenza e la vulnerabilità nei modelli

Per misurare l'effetto delle vulnerabilità, innate nei fattori ambientali, la valutazione dei modelli CMIP rappresentativi dei percorsi di concentrazione RCP 4.5 e RCP 8.5 creati per misurare il cambiamento ambientale, utilizzando riproduzioni Monte Carlo può essere ragionevole. L'impresa principale che ci attende è l'avanzamento coordinato di risposte designate per la pianificazione, la valutazione e il coordinamento degli studi sulla riproduzione per misurare la vulnerabilità e il pericolo nella radianza delle informazioni naturali e sociali. Quindi DKRZ ha fatto ampie ricreazioni con il modello di struttura terrestre MPI-ESM per quanto riguarda il progetto CMIP5 e l'IPCC AR5, introducendo una determinazione delle rappresentazioni per vari fattori ambientali chiave e per le varie situazioni.

• Come potrebbero essere indagati gli elementi relativi alla debolezza dei quadri socio-ecologici?

La ragionevole struttura della debolezza è fondata dal Gruppo intergovernativo di esperti sui cambiamenti climatici (IPCC). Le sconcertanti catene degli effetti di debolezza richiedono la prova distintiva e la combinazione di variabili non climatiche nei modelli ambientali, anche l'avanzamento di modelli che descrivono la flessibilità e la valutazione del danno previsto. È accettato che il kit di strumenti della scienza dell'organizzazione assumerà un ruolo crescente nella valutazione della debolezza poiché il significato dei fattori statali e delle loro connessioni può essere chiaramente qualificato rispetto al loro lavoro in modelli unici.

• Come si può stimare la scommessa in aumento? Quali "limiti" e "punti limite" basati deduttivamente possono essere caratterizzati?

La motivazione alla base dell'idea del limite planetario è di caratterizzare le circostanze lavorative e di rappresentare improvvisi cambiamenti naturali sfavorevoli o devastanti nell'intersezione di almeno un limite planetario. La valutazione dei pericoli dei cambiamenti provocati dall'ambiente utilizzando modelli ambientali mostra che i pericoli aumenteranno nel corso dei successivi 200 anni, indipendentemente dal fatto che la sintesi del clima rimanga stabile. Lo spazio socio-sociale assume una parte fondamentale per quanto riguarda l'intuizione del rischio (Van der Linden, 2015), quindi la riconciliazione dei fattori che descrivono variabili socio-sociali nei modelli può essere particolarmente significativa. Gli esami sono fondamentali per indagare cosa significano i disturbi provocati dall'uomo per il fragile equilibrio dell'ambiente e per capire dove si trovano i punti di interruzione e i limiti, il cui intersezione rappresenterebbe un grado di casualità inadatto. L'utilizzo coordinato degli strumenti ricreativi e del comparto degli strumenti di intelligenza artificiale può indagare abilmente questi limiti.

• Quali quadri di supporto/ispirazione possono essere creati — regole, standard, dati logici — per costruire il limite e la gestibilità della società?

Quali segni e regole dovrebbero mettere la società su una strada fattibile? In che modo le attuali reti disconnesse di esplorazione, indagine e scelta che supportano emotivamente possono essere coordinate in modo ancora più abilmente?

Ci si aspetta che il coordinamento e la sistematizzazione designata delle informazioni logiche affrontino le ragioni estese del cambiamento ambientale e ne diminuiscano l'appartenenza. La ricerca sulla sostenibilità e sui quadri socio-biologici è stata a metà strada interconnessa per coltivare il cambiamento della gestibilità in modo transdisciplinare. Per superare qualsiasi barriera tra scienza e società, il contributo dei residenti nel delineare l'esplorazione e i cicli potrebbe essere una risposta in quanto "attraverso la loro relazione con un luogo, spesso limitato come struttura socio-biologica, i partner e gli individui in generale svolgono un lavoro fondamentale nella ricerca sul cambiamento di manutenibilità." Inoltre, l'associazione di incontri esterni può sostenere l'esame dei quadri socio-naturali e della scienza della gestibilità. Le tecniche per la co-creazione di informazioni, ad esempio la triangolazione, l'approccio Multiple Evidence Based e il lavoro sulla situazione, scoprendo l'impegno trasversale, aiutano a garantire che la transdisciplinare non sia solo un precursore dell'incorporazione.

Per seguire la strada menzionata in precedenza verso gli elementi economici della natura e della società, il kit di strumenti e i modelli della scienza dell'informazione dovrebbero essere coordinati nell'esplorazione logica e culturale relativa al cambiamento ambientale, nonché nel piano politico. Nell'accompagnamento, i dispositivi Big Data e la scheda vengono decifrati con un riflettore particolare sul loro lavoro nel cambiamento ambientale e costruiamo una struttura di Sistema di Sistemi (registrazione ambientale) dalle diverse applicazioni.

3. Compiti di analisi delle informazioni delle ricerche sui cambiamenti climatici

Il termine Big Data si è diffuso a causa di nuove innovazioni e sviluppi emersi negli ultimi 10 anni dato l'interesse per l'esame di molte informazioni diverse e rapidamente prodotte, successivamente, l'assortimento e la movimentazione avvengono ad alta velocità, il che è difficile da eseguire con strumenti scientifici calcarei. Il salto permaloso nel numero di informazioni è penetrato allo stesso modo nel benessere, nel denaro e nella scuola. Per quanto riguarda l'economia mondiale, i Big Data sono fondamentali per comprendere ed espandere l'esecuzione. Anche Huge Data sta facendo passi da gigante nel campo della gestibilità, quindi tende ad essere utilizzato per lavorare sulla sostenibilità amichevole ed ecologica nelle catene di approvvigionamento, espandere la scena educativa delle comunità urbane scaltre mantenibili e lavorare sulla porzione e sull'uso di normali risorse come così come la manutenibilità della rete di negozi .

Informazioni enormi e aperte dal governo "esperto" al governo pionieristico possono lavorare con la cooperazione. È possibile apportare disposizioni costanti nell'agricoltura, nel benessere, nei trasporti e nelle diverse difficoltà. L'approccio Big Data può essere lo strumento migliore per lavorare sulla condivisione legislativa e metropolitana ottenendolo, esemplificando di conseguenza gli standard dell'amministrazione avanzata come il modello di pubblica amministrazione più adatto. È necessario raccogliere molte informazioni che possono essere utilizzate per visualizzare e testare varie situazioni per modificare economicamente la creazione e l'utilizzo dell'energia, sviluppare ulteriormente la sicurezza alimentare e idrica, nonché eliminare l'indigenza. Drives, ad esempio, il Gruppo intergovernativo sui cambiamenti climatici e il Global Ocean Observing System possono colmare le lacune nelle informazioni logiche, specializzate e finanziarie. L'esame delle ipotesi di esecuzione economica dell'impresa attraverso l'esame dei Big Data nei confronti dei paesi emergenti mostra che "Dirigenti e stile di autorità" e "Strategia di governo" sono al momento le variabili principali.

I dati di grandi dimensioni sono una misura di dati prodotta rapidamente da varie origini e in una configurazione alternativa. L'esame delle informazioni è la valutazione e la modifica delle informazioni grezze in dati interpretabili, mentre la scienza dell'informazione è un campo multidisciplinare di diversi esami, dispositivi di programmazione e calcoli, misurazioni delle indagini di misurazione e intelligenza artificiale che significa percepire e rimuovere progetti in informazioni grezze. In questo modo, i Big Data esaminano fondamentalmente i modi per sezionare, separare metodicamente o comunque gestire le informazioni da set di dati eccessivamente enormi o complessi per affrontare la programmazione delle applicazioni di gestione delle informazioni convenzionale che richiede un enorme ridimensionamento (vari hub) per elaborare in modo produttivo . In quanto tali, i Big Data possono essere caratterizzati dalle qualità chiave 5V, ovvero volume, velocità, assortimento, veridicità e valore.

La capacità, la gestibilità e l'esame di enorme sostanza è un test che lo stato attuale dei calcoli e delle strutture non può affrontare in modo coordinato, di conseguenza le collaborazioni delle varie fonti non vengono adeguatamente sfruttate. Il motivo per utilizzare i Big Data è fornire informazioni ai dirigenti e ai dispositivi di indagine per la misura delle informazioni in costante espansione.

L' esame informativo può essere suddiviso in quattro graduatorie generali. Nelle condizioni dell'esame dei Big Data, l'esame delle informazioni include l'utilizzo di strutture disperse eccezionalmente versatili e avanza per estrarre dati significativi da molte informazioni grezze che richiedono l'utilizzo di varie strategie di esame delle informazioni.

Enormous Data è in genere connesso a due progressi, il calcolo distribuito e l'Internet of Things (IoT). L'elaborazione distribuita accelera lo stoccaggio illimitato di informazioni, la gestione equa delle informazioni e l'esame. I vantaggi critici dell'informatica distribuita sono ulteriori ricerche sviluppate, lavoro sul framework e riduzione dei costi. L'IoT offre la capacità di interfacciare gadget di figura, macchine meccaniche e computerizzate, nonché oggetti e individui. Con la comparsa dell'IoT, è possibile raccogliere enormi quantità di informazioni utilizzando gadget scaltri associati tramite Internet.

Anche la pertinenza dei metodi Big Data è del tutto migliorata dagli strumenti originali che aiutano l'assortimento e l'incorporazione delle informazioni. L'interoperabilità dei framework può essere migliorata da magazzini di informazioni e dalle funzionalità ETL (extricate, change, load) connesse che possono essere utilizzate allo stesso modo per assemblare dati da diversi modelli e fonti di informazione. Il vantaggio di queste costruzioni è esposto nel magazzino informativo dell'EC4MACS (European Consortium for Modeling of Air Pollution and Climate Strategies), che prevede un allestimento di dispositivi di visualizzazione per una valutazione coordinata completa della fattibilità dei sistemi di controllo del deflusso per i veleni atmosferici e sostanze lesive dell'ozono. In questo quadro le informazioni coordinate sono raccolte nel Data Warehouse GAINS (Greenhouse gas-Air contaminazione Interactions and Synergies). Questa valutazione ha unito le informazioni principali nei settori dell'energia, dei trasporti, dell'orticoltura, del servizio di guardia forestale, dell'uso del suolo, della dispersione barometrica, del benessere e degli effetti sulla vegetazione, e ha formato un solido punto di vista sulle scelte future per ridurre la contaminazione dell'aria in Europa .

Allo stesso modo, il coordinamento di vari dati può essere sostenuto da informazioni connesse basate sulla metafisica. I modelli Philosophy Web

Language (OWL) potenziano la rappresentazione semantica delle varie occasioni che possono rappresentare la storia di un impatto ambientale significativo secondo numerosi punti di vista, inclusi quelli logici, sociali, politici e innovativi.

La capacità intellettiva artificiale (AI) e l'IA (ML) sono inoltre le innovazioni chiave che potenziano l'influenza di un'enorme indagine sulle informazioni. Questo documento è incentrato sulla materialità dei modelli basati su ML. L'intelligenza simulata è fondamentalmente utilizzata per aiutare la direzione indipendente, tuttavia allo stesso modo può riempire abilmente i buchi di osservazione se unita alle informazioni del modello dell'ambiente matematico. Un'illustrazione di questa applicazione può essere trovata nell'aumento delle stime di temperatura verificabili utilizzate nei set di dati ambientali in tutto il mondo come HadCRUT4.

L'indagine sui Big Data unisce le consuete strategie di esame misurabile a metodologie computazionali. Data la complessità tra i fattori e il tipo di risultati richiesti, l'esame delle informazioni può essere una domanda di indice informativo di base o un mix di metodi di esame complessi. L'indagine sui Big Data è una combinazione di esami quantitativi e soggettivi. La definizione dell'ambiente consolida le esplorazioni multidisciplinari riguardanti le scienze climatiche, dell'informazione e del quadro per catturare e sezionare in modo efficiente i Big Data relativi all'ambiente, nonché per aiutare gli sforzi socio-naturali. Sulla base di questo punto di vista, un modello sconcertante della struttura terrestre viene costantemente sviluppato da DKRZ utilizzando supercomputer che dipendono da Big Data, calcoli matematici e modelli di rievocazione per consentire ai ricercatori di incorporare sostanze e cicli organici, nonché esaminare la cooperazione dell'ambiente e il quadro finanziario.

I metodi di Exploratory Data Analysis (EDA) sono approcci per lo studio di enormi indici informativi. Questi metodi rendono più chiari gli elementi fondamentali nascondendo diverse angolazioni. La maggior parte delle strategie EDA sono di natura grafica, per alcuni miglioramenti non grafici. Alcuni strumenti EDA essenziali sono istogrammi, grafici quantili (Q-plot), grafici dissipati, box plot, separazione, modifica logaritmica e altre misurazioni della sinossi. I modelli soggettivi possono essere ordinati in modelli causali soggettivi e in sistemi deliberativi progressivi. I modelli causali possono essere raggruppati in Digraphs, Fault Trees e Qualitative Physics. Gli ordini di riflessione comprendono due parti significative: primaria e pratica .

Il mining di informazioni è un insieme di tecniche che separano dati specifici da set di dati enormi e complessi. La rivelazione delle informazioni utilizza strategie computerizzate basate sulla programmazione per spazzare via l'arbitrarietà e scoprire esempi e schemi nascosti. La caratterizzazione delle strategie di estrazione dell'informazione, inclusa una chiara rappresentazione della strategia, le normali procedure logiche, il significato di regioni di applicazione significative e modelli connessi con gli studi ambientali.

Il raggruppamento è essenziale per quanto riguarda le procedure di estrazione di informazioni. I modelli di arrangiamento caratterizzano il disegno di somiglianza dei fattori e sono suddivisi in raduni (classi). Nella revisione dell'ambiente basata sui Big Data, i modelli e i metodi di raggruppamento sono ampiamente utilizzati. Negli Stati Uniti si sono concentrati due flussi con vari idroclimatologia utilizzando un'organizzazione cerebrale contraffatta (ANN). L'esame ha distinto un enorme impatto su vari fattori, ad esempio il normale spillover, la variabilità del flusso, la ricorrenza delle inondazioni e la forza del flusso del modello. Per conquistare le straordinarie vulnerabilità insite nei modelli ambientali, è stato promosso un modello di ambiente basato sulla rete del cervello opzionale che espande la produttività di enormi set di modelli ambientali di non meno di un grado significativo. Alla luce di ciò, si può benissimo presumere che il riscaldamento superi la portata di riscaldamento della superficie valutata dall'IPCC per quasi la metà degli individui del vestito. Questa rete cerebrale è un dispositivo praticabile per gestire tali problematiche e testare problemi, inoltre, è stata generalmente utilizzata per studiare le componenti del cambiamento ambientale e prevedere modelli e cambiamenti ambientali che sfruttano al meglio i dati oscuri nascosti nelle informazioni ambientali, nonostante, non posso svelarlo.

Modelli di circolazione generale (GCM): gli strumenti più avanzati per valutare le future situazioni di cambiamento ambientale funzionano su scala grossolana, che può essere ridimensionata mediante approcci di help vector machine (SVM), preparazione degli sviluppi meteorologici (MSD) e promozione di un modello di downscaling (DM) che è stato dimostrato essere preferibile al normale ridimensionamento utilizzando complesse organizzazioni rigenerative del cervello falso (Tripathi et al., 2006). L'utilizzo dell'energia basata sulla luce solare si sta sviluppando progressivamente rispetto all'SDG 7, ma l'esecuzione della centrale elettrica potrebbe variare a causa della varietà di circostanze meteorologiche, che possono essere remunerate dal simbolismo del satellite e dal piano di apprendimento SVM per anticipare il vettore di movimento delle nebbie (Jang et al. , 2016). L'esame dell'immagine basato su oggetti

(OBIA) e la macchina vettoriale di supporto (SVM) uniti a un ordine di albero di scelta sono ragionevoli per la pianificazione di regioni di mangrovie che erano inconcepibili dalle tecniche di rilevamento remoto convenzionali diverse dall'obiettivo spaziale difficile. I calcoli dell'albero delle scelte aggirano in modo affidabile la probabilità più estrema e i classificatori di capacità discriminanti diretti per quanto riguarda l'esattezza della caratterizzazione dei problemi di pianificazione della copertura del suolo. Utilizzando un modello di creazione del clima , che consente al vicino più prossimo di essere riesaminato sconvolgendo informazioni verificabili, è possibile creare un insieme di situazioni climatiche alla luce di situazioni climatiche plausibili per fornire informazioni meteorologiche che possono essere utilizzate per rilevare la debolezza di la ciotola del ruscello alle occasioni oltraggiose. La capacità della rete bayesiana (BN) di anticipare i cambiamenti a lungo raggio della costa legati all'innalzamento del livello degli oceani e di valutare quantitativamente la vulnerabilità delle congetture rende ragionevole l'esame degli impatti dei cambiamenti ambientali. È stato utilizzato efficacemente per valutare gli impatti dell'aggravamento del cambiamento ambientale sulla progettazione delle barriere coralline e per quanto riguarda la convinzione rinfrescante sulla verità del cambiamento ambientale alla luce dell'introduzione di dati riguardanti l'accordo logico sull'aumento di temperatura antropico e terrestre (AGW). Utilizzando il calcolo ereditario e le informazioni sugli eventi da esempi di sale espositive, sono stati prodotti modelli di specialità naturali per 1.870 specie presenti in Messico e proiettati su due superfici climatiche visualizzate per il 2055. È stato utilizzato un calcolo ereditario multi-obiettivo per l'aggiornamento delle strutture di trasporto dell'acqua (WDS) come un strumento di rivelazione per esaminare i compromessi tra gli obiettivi finanziari consueti e limitare i deflussi di sostanze dannose per l'ozono (Wu et al., 2010). Il dominio europeo è stato suddiviso in distretti comparativi del cambiamento ambientale previsto alla luce delle rievocazioni delle precipitazioni giornaliere complete e delle temperature successive (1986-2005) e future a lungo raggio (2081-2100) utilizzando l'esame del gruppo K-mean. Viene proposta e applicata una metodologia informatizzata in vista del calcolo della contabilizzazione di gruppo alle variazioni dei 27 limiti climatici. In generale, il 40% in meno di situazioni per soddisfare il limite del 90% rispetto a k-implica raggruppamento.

Gli esami basati sul raggruppamento sono procedure di estrazione di informazioni ampiamente riconosciute, comunque sia, sono continuamente previsti miglioramenti per quanto riguarda i fondi di investimento in termini di tempo e costi a causa dell'amministrazione di una misura crescente di informazioni. Per quanto riguarda l'utilizzo negli esami climatici, è stato creato un sistema di indagine transitoria del patio basato su raggruppamenti di informazioni barometriche per aiutare sia i cicli dinamici legislativi che quelli moderni. Per valutare la possibilità di erosività, sono stati applicati esami di raggruppamento e caratterizzazione a livello pubblico in Turchia, inoltre è stata inoltre formulata una falsa aspettativa basata sulla rete cerebrale. I risultati hanno distinto una crescente scommessa sulla disintegrazione del suolo nelle zone meridionali e occidentali della Turchia, che richiede prove per il controllo della disintegrazione. La ricerca è stata condotta a regionalizzare l'Europa in base a temperature superficiali comparabili alla luce di informazioni comprese nell'intervallo 1986 e 2005. Le distinzioni tra informazioni preveggenti a lungo raggio e informazioni autentiche sono state studiate con esami di raggruppamento k-implica per decidere i focus del quadro. Un soffice c- implica un approccio non del tutto stabilito in quello stato d'animo per l'esame dei distretti meteorologici omogenei di siccità per offrire un aiuto di successo per l'organizzazione delle risorse idriche e per i dirigenti durante le stagioni secche (Goyal e Sharma, 2016). Le strategie di raggruppamento possono sostenere la ricreazione e prevedere modelli raccogliendo enormi informazioni sull'ambito. "La creazione di energia eolica dovrebbe essere influenzata dai cambiamenti nei progetti eolici che andranno con il cambiamento ambientale". In California, i progetti del vento sono stati raggruppati utilizzando ricostruzioni del modello del Community Earth System Model (VR-CESM) a obiettivo variabile e sono stati scomposti in base alla regolazione della ricorrenza dei grappoli e dei cambiamenti nelle brezze all'interno dei grappoli. Le progressioni nel fattore limite hanno un enorme impatto rispetto all'età energetica.

L'indagine sulle ricadute ha cercato di scoprire connessioni utilitaristiche tra fattori che possono ulteriormente sostenere modelli preveggenti e anticipatori. L'urbanizzazione in generale influenzerà fondamentalmente il cambiamento ambientale, come sottolineato da una rivista australiana che ha scoperto che gli adeguamenti dell'uso del suolo e della vegetazione a causa dei movimenti nell'urbanizzazione che influenzano l'ambiente del vicinato e il ciclo dell'acqua, nonché i suoi effetti, sono visti come vicini inequivocabili. Diversi esami basati sulle ricadute sono stati utilizzati per decidere il rischio di inondazione nei bacini idrografici metropolitani consolidando numerose recidive dirette, varie recidive non lineari e numerose ricadute di operazioni pianificate accoppiate. Questo sistema mirava ad aiutare i piani di attività riguardanti l'infiltrazione dei dirigenti e ad amplificare gli effetti delle esecuzioni vitali di vulnerabilità alle inondazioni. Per quanto riguarda i dirigenti, l'impatto del cambiamento ambientale sul ciclo idrologico nel bacino del fiume Yangtze è stato esaminato utilizzando un modello di esame delle ricadute e un quadro di dati geografici. Il suolo assume un ruolo critico nel sequestro del carbonio, di conseguenza, modera gli impatti climatici indesiderati. È stato pianificato un modello per quanto riguarda i principali 25 cm di terra della regione della Sierra Morena per decidere la connessione tra fattori liberi e carbonio naturale del suolo (SOC), inoltre, mediante l'utilizzo di vari esami di ricaduta diretta, sono stati analizzati gli impatti di questi fattori sui contenuti SOC. Questo è ciò che i risultati hanno dimostrato: "Il SOC in una situazione futura di cambiamento ambientale si basa sulla temperatura normale del quarto più freddo (41,9%), sulla temperatura normale del quarto più caldo (34,5%), sulle precipitazioni annuali (22,2%) e sulla temperatura normale annuale (1,3%)." L'esame tra le circostanze attuali (2016) e future rispecchia una diminuzione del contenuto SOC del 35,4% e un modello verso il trasferimento a nord.

Il mining continuo di set di elementi/design è un metodo generalmente utilizzato per separare le informazioni dai set di dati. Il trattamento di una misura crescente di informazioni eterogenee si sta rivelando perennemente problematico, in questo modo "si prevede che un calcolo produttivo estragga gli esempi segreti degli insiemi di elementi successivi all'interno di un tempo di esecuzione più limitato e con un minore utilizzo della memoria mentre il il volume di informazioni aumenta nell'arco di tempo". I modelli di Affiliation Rule Mining (ARM) sono stati elaborati per l'osservazione del clima barometrico alla luce del calcolo dell'Apriorismo e dell'ipotesi DS/calcolo ER. Questi metodi forniscono un aiuto sia specializzato che ipotetico per prevenire e supervisionare la contaminazione dell'aria. Allo stesso modo, il mining delle regole di affiliazione è stato utilizzato per quanto riguarda l'osservazione delle informazioni sociali sul clima per promuovere un modello di aspettativa per l'incostanza ambientale (Rashid et al., 2017). Inoltre, l'incostanza ambientale colpisce l'agricoltura, che richiede una comprensione più notevole degli effetti dell'ambiente sulla creazione delle colture e sulla sicurezza alimentare. Pertanto, l'effetto delle precipitazioni occasionali sulla resa delle colture di riso è stato risolto alla luce delle strategie ARM (Gandhi e Armstrong, 2016). Per la comprensione delle condizioni del vento, viene utilizzato il mining di esempio consecutivo multiforme che può caratterizzare quale esempio è ragionevole per l'energia eolica (pensando alle variabili di stanza, tempo e livello). Come indicato da un concentrato sui Paesi Bassi, il 68,97% della nazione è coperto da un progetto di brezza ragionevole (a 128 m) e al momento sono state introdotte turbine eoliche. Per misurare il grado di deforestazione è stato elaborato un sistema di ordini di raggruppamento basato su esempi spaziali fugaci . Questo approccio è stato applicato a un'indagine contestuale tunisina che ha pensato a 15 anni di immagini satellitari e informazioni GIS verificabili sugli incendi a rapida diffusione.

Le tecniche di percezione hanno cercato di indagare le interconnessioni tra le informazioni migliorando le informazioni multivariate. La strategia di auto-smistamento dell'organizzazione del cervello della mappa (SOMN) è stata utilizzata per sezionare i progetti di decorso climatico anormale in Cina per quanto riguarda le irregolarità della temperatura superficiale da qualche parte nell'intervallo tra il 1979 e il 2017 (Gao et al., 2019). Questa strategia è utilizzata in modo significativo per i cambiamenti di pianificazione, ad esempio per quanto riguarda i pericoli delle inondazioni metropolitane (Rahmati et al., 2019). È stato diretto un focus sulla città di Amol in Iran e, secondo il modello precedentemente menzionato di pianificazione del pericolo di inondazioni metropolitane, si suppone che il 23% della regione terrestre della città presenti gradi di rischio di inondazione alti o estremamente elevati, il che richiede un rischio di inondazione effettivo il bordo. La strategia SOMN e cellule di matrice è stata applicata per decidere i cambiamenti nella copertura dell'area spaziale in fuga nella Mongolia interna da qualche parte nell'intervallo tra il 2004 e il 2014. La procedura PCA (Principal Component Analysis) è stata utilizzata per esaminare la debolezza del distretto balneare del Bangladesh pensando al sistema IPCC. La revisione ha utilizzato 31 puntatori. La PCA è stata applicata e ha deciso sette autovettori Vulnerabilità demografica, vulnerabilità economica, vulnerabilità agricola, vulnerabilità idrica, vulnerabilità sanitaria, vulnerabilità climatica e vulnerabilità infrastrutturale che considerano le situazioni di cambiamento ambientale dal 2013 al 2050. La PCA è stata inoltre utilizzata per fabbricare la stagione secca composita lista dei punti deboli.

4. Revisione metodica delle analisi relative ai cambiamenti climatici

4.1. Cenni sull'analisi dei cambiamenti climatici basata sui big data

Il significato dei Big Data negli esami relativi all'ambiente è enormemente percepito e le sue procedure sono ampiamente utilizzate per rilevare e schermare i cambiamenti su scala mondiale. Funziona con comprensione e anticipazione per aiutare una navigazione versatile e per semplificare modelli e progetti.

Gli articoli di indagine possono fornire una costruzione coordinata superiore delle indagini passate, quindi il centro significativo non è scolpito nella pietra rispetto agli articoli di audit passati relativi all'associazione tra cambiamento ambientale e Big Data. L'obiettivo significativo è quello di scoprire il modo in cui le diverse discipline si manifestano nelle relative esplorazioni, limitando successivamente quando e come le applicazioni dei Big Data e la connessione con la scienza dell'informazione vengono mostrate negli studi sull'ambiente.

È eccezionale che si notano problemi ambientali generalmente non ambigui (ad es. decarbonizzazione dell'energia o del sistema biologico terrestre) e la loro reale capacità di rimanere nell'aria. Le due classificazioni più colpite sono l'agricoltura e le indagini su aree e reti urbane economiche. Questa è una rappresentazione decente di come la ricerca sulle attività ambientali sia intrecciata con gli obiettivi di miglioramento economico.

La qualità e la sicurezza dei prodotti agricoli possono essere garantite attraverso accordi forniti dall'Internet of Things (IoT) e dal calcolo distribuito. Il rilevamento remoto e le innovazioni dell'Intelligenza Artificiale consentono di incorporare i Big Data in dispositivi di amministrazione preveggente e prescrittiva, per migliorare, ad esempio, la versatilità dei framework di agricoltura. La virtualizzazione dei dati enormi nel campo dell'agricoltura consente la virtualizzazione di elementi reali, ad esempio sensori e gadget utilizzati per caratterizzare l'umidità del suolo, i corsi d'acqua o la salsedine, in cui questi elementi possono fornire dati significativi diversi in ogni periodo di una catena di informazioni per facilitare la navigazione e la cura dei dati. Inoltre, le procedure Big Data sono utilizzate per quanto riguarda la riproduzione delle piante, gli ideotipi delle colture per la sicurezza alimentare o nel sistema di orticoltura di precisione. La struttura Environment Smart Agriculture significa aggiornare il limite dei quadri orticoli per aiutare la sicurezza alimentare, supportare la variazione e il sollievo nel progresso economico dell'agricoltura attraverso le innovazioni più recenti come IoT, AI, geoinformatica e indagini sui Big Data. Allo stesso modo è stata studiata la metodologia interdisciplinare e precisa dell'uso del suolo e il consiglio per raggiungere i relativi obiettivi di manutenibilità.

La disposizione dell'area centrale delle comunità e delle reti urbane ragionevoli con l'undicesimo obiettivo di avanzamento sostenibile (Comunità e reti urbane sostenibili) è stata studiata tramite audit. Enormi dati il consiglio può aumentare la possibilità per le associazioni di rispondere in tempo alla scommessa del cambiamento ambientale e offre prospettive per considerare la creazione sostenibile e tassi di emanazione inferiori. Inoltre, l'IA può essere effettivamente utilizzata per la preparazione metropolitana a basse emissioni di carbonio. Al di fuori del campo dell'industria, la coattività, la regolamentazione e le disposizioni naturali sono fondamentali per comprendere un clima di assemblaggio fattibile. L'idea di comunità urbane esperte cerca di sopravvivere e prevenire il cambiamento ambientale e le questioni relative all'urbanizzazione, inoltre, brillanti strategie di trasporto possono sfruttare i vantaggi dei Big Data. In questo clima astuto, gli specialisti strutturali sono visti come futuri capi del gioco d'azzardo e della vulnerabilità per sviluppare ulteriormente la forza dell'area locale attraverso programmi quadro esperti.

Gli studi sulla forza dell'ambiente valutano come prepararsi, recuperare e abbracciare le opportunità legate all'ambiente (Centro per le soluzioni per il clima e l'energia, 2019). Enormous Data cerca di aiutare questi esercizi fornendo un enorme volume, assortimento e informazioni di qualità per scoprire progetti e potenziare la democratizzazione dell'informazione. In questo modo, l'approccio dei Big Data può fungere da fonte di dati chiave per i capi, per quanto riguarda l'ideazione e l'adeguamento di metodologie adeguate, la decisione di questioni attuali e imminenti, nonché il riconoscimento delle fasi di recupero per fare mosse in tempo. I mezzi di informazione possono fungere da dati geolocalizzati in corso e vicini, che possono sostenere la comprensione degli sviluppi sociali e dei quadri di precauzione. "Consolidare i mezzi di informazione con le informazioni sociali e biofisiche è fondamentale per confermare i risultati e le predisposizioni ai punti di rottura in esame". Una delle questioni riguardanti le condizioni metropolitane è l'efficienza energetica e i sottoprodotti dei combustibili fossili, per i quali gli sviluppi dell'energia zero netto cercano di ottenere una risposta, nonché l'utilizzo di una struttura ambientale versatile per la ricerca sull'energia zero netto. Inoltre, le strategie dei Big Data riguardanti l'IA potenziano la disposizione degli individui verso e il riconoscimento dei cambiamenti ecologici non del tutto stabiliti . I dati enormi e gli approcci di intelligenza artificiale sono fondamentali per combinare in modo completo set di dati genomici e ambientali eterogenei.

Comunque sia, gli articoli dei sondaggi hanno studiato il potenziale per l'utilizzo di strategie di Big Data in diverse regioni, inoltre, le linee guida approfondite sul cambiamento ambientale si stanno rivelando in misura minore una concentrazione. Nonostante il fatto che l'informazione che le domande di esame serio siano a tutti gli effetti sbilanciate tra le discipline, il dinamismo e la complessità delle questioni ambientali non dovrebbero essere respinte. Questa complessità realizza una metodologia interdisciplinare e l'intreccio di diverse discipline, a cui l'idea del Sistema dei Sistemi (elaborazione ambientale) è la risposta seria.

4.2. Meta-analisi per quanto riguarda i metodi di analisi relative al clima

L'esame di co-parole analizza le connessioni tra slogan per scoprire la progettazione e l'avanzamento di approcci o applicazioni. Le connessioni tra le parole d'ordine nei documenti di ricerca "contiene dati significativi sulla costruzione dell'informazione del campo, le sue idee importanti e le loro associazioni". Ci aspettiamo di decidere diverse regioni centrali, procedure e metodi per quanto riguarda gli esami del cambiamento ambientale guidati dai Big Data e unirli per consentire un uso migliore dei risultati espliciti sul campo ottenuti.

Il set di dati di Scopus è stato utilizzato per riconoscere i documenti di confronto utilizzando l'indagine di accompagnamento: successivamente sono stati recuperati 442 articoli e il co-evento delle loro parole d'ordine è stato interrotto utilizzando il visualizzatore VOS. L'intervallo di tempo in cui sono stati composti i documenti è stato compreso tra gli anni 2012 e 2020. Nella Figura 3, sette grappoli sono dimostrati da un diverso ambito di varietà che sovrastano argomenti legati al cambiamento ambientale e alle tecniche di applicazione dei Big Data.

Ogni gruppo allude a una regione centrale, inclusi i suoi crediti di interrelazioni insieme a procedure e metodi applicati sul campo.

Il gruppo "Rosso" indica le associazioni tra i progressi dei Big Data e le strategie applicate per la metodologia di miglioramento, misura l'effetto del cambiamento e della forza ambientale e crea aspettative. Si pensa alle innovazioni, ad esempio, ragionamento computerizzato, calcoli di apprendimento, ad esempio intelligenza artificiale e apprendimento profondo, esame delle informazioni, organizzazioni cerebrali ed elaborazione di gruppo. Le reti cerebrali vengono utilizzate per abbattere i cambiamenti ambientali, le aspettative climatiche e la rappresentazione, mentre le strategie di intelligenza artificiale vengono utilizzate per un saggio riconoscimento e per caratterizzare l'effetto del cambiamento ambientale e della flessibilità. Inoltre, vengono utilizzati per prevedere pandemie e malattie in contesti sia sociali che ecologici, ad esempio a causa dei raccolti, della malattia dell'espresso e dell'insetto, o delle capacità di pretrasferimento. Sono state applicate strategie di raggruppamento sulla base del calcolo distribuito, ad esempio, per pianificare i cambiamenti nelle masse glaciali. Un approccio AI originale è stato creato dal National Renewable Energy Laboratory della filiale statunitense dell'energia utilizzando una preparazione mal disposta nella determinazione dell'ambiente, in cui il modello fornisce una "varietà informata sulla scienza fisica al modello di rete super generativa mal disposta (SRGAN) , che espande l'esecuzione dimostrata sul super obiettivo di immagini normali a set di dati logici". Questo progresso è attrezzato per risparmiare tempo di calcolo e lo stoccaggio di informazioni, inoltre, può fornire informazioni sull'ambiente più aperte e ad alto obiettivo che possono essere utilizzate in un'ampia varietà di situazioni ambientali. Queste strategie cercano di valutare il rischio dei dirigenti per quanto riguarda il benessere umano e naturale, fornendo dati cruciali sulle circostanze attuali e formulando aspettative su ciò che verrà.

Gli slogan ricordati per il gruppo "arancione", ritraggono principalmente problemi e trasformazioni ambientali legati all'orticoltura. I progressi dell'IoT, i framework di dati e le reti di sensori verranno spesso applicati in un campo. I dati di grandi dimensioni aumentano l'eterogeneità "tra ranch, allevatori, ambienti, colture, suoli, beni regolari, modelli, procedure e risultati dei dirigenti, dopo la creazione del quadro della catena di stima e altri fattori finanziari di interesse" che possono supportare informazioni sull'idea di ambiente agroalimentare brillante (Rao, 2018). È stato dimostrato che i progressi dell'IoT sono utili per sviluppare ulteriormente l'efficacia nel complicato campo dell'agricoltura. I sensori vengono utilizzati per raccogliere dati fondamentali su suolo, compost, umidità, luce diurna, temperatura e dati geografici dei terreni agricoli per l'osservazione, nonché per il collegamento a diverse basi di informazioni per il riconoscimento dei crediti (Yan-e, 2011). La miscela di robotizzazione e

IoT fa avanzare punti di vista espansivi nel brillante agrobusiness, come robot telecomandati per eseguire imprese, dinamici scaltri e intelligenti alla luce di informazioni continue e magazzino dei dirigenti.

Il gruppo "viola" si rivolge a eventi catastrofici causati da cambiamenti ambientali, ad esempio inondazioni o deterioramento della qualità dell'aria, e il connesso gioca d'azzardo. I cicli dinamici sono sostenuti da strategie di estrazione di informazioni e indagini fattuali e spaziali. La ricorrenza di eventi catastrofici nelle Filippine è aumentata del 147% dal 1980 al 2012 e continua a crescere. L'enorme quantità di dati attraverso l'estrazione di informazioni assume un ruolo fondamentale nel creare continui circoli critici su eventi catastrofici per aiutare a catastrofizzare i dirigenti nei processi di contrasto, sicurezza, moderazione, reazione e recupero, inoltre, nell'espansione della flessibilità dei residenti.

"Light blue" raggruppa i modelli ambientali che caratterizzano le comunicazioni dei driver del cambiamento ambientale. Vengono incorporati punti come l'ambiente, la biodiversità, la debolezza e la questione delle risorse idriche. Le procedure basate su dati di grandi dimensioni sono ampiamente utilizzate e l'importanza delle informazioni aperte dovrebbe essere percepita. Il calcolo distribuito e l'esame della vulnerabilità generalmente sosterranno la visualizzazione dei cicli di vita e degli impatti climatici. L'approccio della scienza dell'informazione aperta garantisce un clima diretto e cooperativo per l'indagine sulle informazioni sui cambiamenti ambientali multi-modello. I dati sulla diffusione geografica degli scarichi di sostanze dannose per l'ozono possono essere utili per la dimostrazione di obiettivi elevati.

Il gruppo "verde" caratterizza i soggetti in termini di svolta gestibile degli eventi, gestione degli scarichi di gas, sostanze nocive per l'ozono, competenza energetica e disposizioni naturali. L'esame dei dati e le innovazioni naturali, nonché l'elaborazione ecologica, mirano a limitare gli sprechi pericolosi, espandendo al contempo la competenza energetica e la riciclabilità per incoraggiare l'idea di un'economia circolare. L'estrazione di informazioni, i calcoli non esclusivi e le reti cerebrali vengono applicati lentamente nella ricerca sull'utilizzo ragionevole, che consente risultati più precisi e meglio illustrati (Wang et al.,

2019). La supervisione dell'uso efficace dell'energia è una questione normalmente esaminata che prende in considerazione l'esame dell'influenza del cambiamento ambientale riguardante l'utilizzo dell'energia delle strutture del terreno, la valutazione del ciclo di vita degli elementi che consumano energia, nonché la variazione del trattamento ecologico per ridurre l'impronta di carbonio delle TIC. Il gruppo "blu" sembra scoprire i sistemi pensati in climatologia, urbanizzazione e amministrazione versatile. Il rilevamento remoto e il simbolismo satellitare rendono concepibile la raccolta di molte informazioni che supportano la pianificazione e vengono utilizzate per formulare ulteriori aspettative. Il rilevamento remoto satellitare valuta i processi e le condizioni di fuga nello spazio dell'aria, della terra e dei mari, consente inoltre, ad esempio, di distinguere il cambiamento ambientale e l'effetto degli esercizi umani sull'efficienza dei terreni coltivati e di pianificare i cambiamenti nelle risorse idriche . Il controllo della percezione del carbonio tramite satellite fornisce dati su sostanze ed emanazioni dannose per l'ozono che possono essere utilizzati nei processi di valutazione per quanto riguarda l'esame della CO_2.

Il gruppo "giallo" comprende gli esami delle informazioni relative al cambiamento ambientale mondiale, le tecniche di percezione, l'indagine sulle ricadute e l'esame delle serie temporali. I framework aperti e le fonti aperte stanno acquisendo costantemente considerazione in questo campo. Una rappresentazione elettronica di informazioni ambientali sbalorditive può garantire a ricercatori, supervisori patrimoniali, responsabili politici e alla popolazione generale di indagare sulle proiezioni dell'equilibrio ambientale anche a livello di quartiere . La valutazione delle informazioni spaziotemporali per acquisire informazioni da esse è un test intricato, nonostante un quadro scientifico visivo avanzato può sostenere strategie e metodi di miglioramento dell'esecuzione. Una struttura perspicace di domande di presentazione d'élite che propone il cambiamento della rete può dare a un ambiente complicato la percezione delle informazioni e la riproduzione del modello. Per gli esami naturali dell'ambiente, una rievocazione percettiva 3D delle informazioni sulle nuvole sta prendendo in considerazione i campi della progettazione di PC e della meteorologia.

L'uso dei progressi contemporanei come l'esame dei Big Data e i modelli basati sull'IoT è considerato per acquisire una base di informazioni in qualsiasi campo raccogliendo e scomponendo enormi raccolte informative eterogenee complesse. Ciò consente la creazione di strategie basate su prove per essere energizzate e si integra come un dispositivo di aiuto per la valutazione del rischio e la variazione della flessibilità, stimando al contempo le circostanze finanziarie future e supportando le circostanze ecologiche causate dai cambiamenti legati all'ambiente. I Big Data esplorati sono di per sé significativi e si aggiungono alla comprensione del cambiamento ambientale, tuttavia affrontare i loro risultati in modo coordinato crea il grado di estrazione dei problemi e fornisce nuove risposte ai leader.

4.3. Il ruolo delle scienze sociali negli studi sui cambiamenti climatici

La maggior parte degli articoli sui cambiamenti ambientali hanno un posto nel campo delle scienze naturali, saldamente seguito dalle scienze della Terra e planetarie, quindi, a quel punto, dalle scienze rurali e organiche. Curiosamente, la quantità di articoli distribuiti nelle sociologie precede i campi del design e dell'energia.

La misura in via di sviluppo di dati e informazioni rende gli esami multidisciplinari che coprono l'intera area della scienza e il progresso di tali apparati logici vitali poiché le informazioni accumulate non possono essere utilizzate direttamente senza sistematizzazione e trattamento designato.

Le questioni relative al cambiamento ambientale spesso si interfacciano con varie discipline, così come con pensieri di esame, modelli e disposizioni connesse a queste problematiche.
Nell'accompagnamento si parla di associazione critica tra ambiente e sociologie. Il set di dati Scopus è stato utilizzato per separare dati importanti per la meta-indagine.

La ricerca di un'associazione con le sociologie ha prodotto 1.203 record:. Le organizzazioni riguardanti il co-evento di slogan che alludono all'interrelazione tra cambiamento ambientale e sociologie.

Alla luce dei valichi vengono riconosciute sette reti. L'area locale rossa incorpora emanazioni, energia e centri monetari. L'area locale gialla incorpora hub legati all'ambiente. L'area locale azzurra copre i controllori e le questioni riguardanti l'acqua nel tabellone, mentre l'area locale viola riassume idee legate al "cambiamento", ad esempio debolezza, trasformazione e così via. L'area locale verde incorpora rami di conoscenza interdisciplinari, mentre quella blu tenue indica parole d'ordine politiche e l'area locale arancione ritrae consolidamenti gestibili.

Esiste una relazione sconcertante tra i cicli umani e normali, inclusi i contesti sociali, politici, geografici e sociali che richiedono un'idea multidisciplinare. I cambiamenti ecologici richiedono cambiamenti finanziari per alleviare gli impatti causati dalle persone e aumentare la versatilità. I cambiamenti sono visti in un ambito diverso di regioni come l'agricoltura e la sicurezza alimentare, la qualità dell'aria, le acque, l'utilizzo dell'energia, l'ambiente terrestre e un aumento della temperatura in tutta la Terra. Questi problemi dovrebbero essere supervisionati attraverso una preparazione essenziale e i dirigenti con un serio livello di riflettori sulle attività gestibili a lungo raggio. I modelli finanziari socio-ambientali dovrebbero coordinare i dati sociali e biofisici per promuovere adeguate metodologie di moderazione e trasformazione. L'effetto del cambiamento ambientale sulle risorse idriche è fondamentale in quanto è collegato a inondazioni, periodi di siccità, tsunami e umidità. Enormi processi basati su dati vengono utilizzati per decidere, ad esempio, le condizioni del suolo e la viscosità per valutare l'utilizzo dell'energia o gli scarichi di sostanze dannose per l'ozono che consentono di anticipare cicli e mediazioni ideali. Calcoli, modelli e set di dati di supporto alla scelta vengono utilizzati per fornire una base di prova per l'elaborazione di politiche e normative, nonché per catastrofizzare il consiglio. Questi possono essere considerati a livello autorevole, vicino, sub-pubblico o persino mondiale.

Le scienze socio-ecologiche sono studiate per indagare la relazione deliberata di impatto della ragione a seguito dell'effetto naturale del cambiamento ambientale incitato dall'uomo. Fornendo informazioni eterogenee e modelli forti, è possibile ottenere cambiamenti positivi attraverso discernimenti interdisciplinari guidati dalle informazioni che si aggiungono a una comprensione superiore della questione sconcertante, cambiamenti di schermo, direzione di supporto e mediazioni in tempo.

4.4. L'importanza del sistema di approccio ai sistemi

Il cambiamento ambientale è forse il principale test mondiale che dovrebbe essere dovuto. Per determinare una qualsiasi delle difficoltà legate al cambiamento ambientale, "è fondamentale evocare e incorporare informazioni in un ambito di strutture, illuminando il piano per quanto riguarda le disposizioni che considerano la natura sbalorditiva e discutibile delle singole strutture e delle loro interrelazioni". La struttura dell'arrangiamento della struttura (SoS) consente di esaminare le interdipendenze tra le diverse strutture (ad esempio, quelle umane, di dati, ecologiche e reali), quindi fornisce una ragionevole comprensione della natura sbalorditiva della questione. I modelli nella scienza dell'informazione e nell'innovazione dei dati sostengono la combinazione di diversi treni e risultati degli esami per affrontare un quadro socio-ecologico che illumina in modo completo la strategia e i cicli dinamici, che possono essere indicati come elaborazione dell'ambiente.

Per evidenziare il significato dell'uso dell'approccio della disposizione dei framework, sono stati esplorati i più recenti lavori basati sui Big Data nel campo del cambiamento ambientale, alla luce dei quali abbiamo riconosciuto un sistema SoS. Nell'organizzazione degli utilizzi, gli hub mostrano le diverse esplorazioni e i bordi indirizzano le connessioni dei risultati dell'esame. Le applicazioni Big Data sono state assemblate da obiettivi di miglioramento economico, mostrando di conseguenza gli impegni logici ipotizzabili con diversi campi.

Gestendo le informazioni satellitari, il framework creato può schermare i cambiamenti nella qualità dell'aria, che possono anche essere utilizzati per schermare le regioni agricole. Il cloud following aiuta ulteriormente a valutare l'avanzamento della contaminazione dell'aria, la cui affidabilità può essere ulteriormente migliorata con misure di ridimensionamento misurabili. Le informazioni sulle serie temporali ricavate dalle immagini satellitari supportano ipotesi a lungo raggio, tuttavia la rappresentazione del movimento delle nuvole può anche essere utilizzata per perfezionare scomposizioni a termine più limitato. L'utilizzo del simbolismo satellitare come fonte di informazioni nell'organizzazione metropolitana distingue allo stesso modo le disposizioni cordiali ambientali.

Acqua elettronica il consiglio può essere mantenuto con schemi distinti dalle informazioni sulle serie temporali, tuttavia le informazioni sul flusso d'acqua in qualche modo rilevate integrano ulteriormente il modello dell'acqua agraria dei dirigenti. Inoltre, supponendo di incrementare l'obiettivo dell'informazione, possiamo anche comprendere i nessi causali connessi con l'utilizzo. Per quanto riguarda il carico di fondazione, esempi di sviluppo demografico offrono rinvigorenti porte aperte, ma possono anche essere coordinati con lo stato delle strutture, che sostiene ulteriormente l'adempimento degli impegni di organizzazione metropolitana a un livello più elevato.

Le applicazioni del simbolismo dei satelliti rurali possono essere spostate sul controllo satellitare della qualità dell'aria, oppure le informazioni sulle serie temporali possono essere utilizzate per progettare migliori intercessioni agricole. Su suggerimento, l'aiuto satellitare assume un ruolo significativo nel mostrare l'acqua agricola ai dirigenti, ma allo stesso modo le notizie sulla catastrofe danno una comprensione più profonda del contributo sociale. Nel valutare la versatilità delle calamità in varie regioni, il simbolismo satellitare critica le possibilità che potrebbero essere scoperte dopo un po' di tempo. I risultati satellitari possono essere confermati da informazioni dei sensori meteorologici e uniche sul posto, e allo stesso modo è possibile organizzare l'assicurazione contro le inondazioni di importanti regioni agricole con modelli di alluvione.

Disegni distinti nelle informazioni di serie temporali aiutano con la ricerca in numerose regioni diverse, sia che si tratti di acque rurali, dirigenti o assicurazioni dello spazio vitale marino. Consente la determinazione e una migliore comprensione del traffico di fronte alla spiaggia e amplia la qualità incrollabile della valutazione della versatilità delle catastrofi. Districando le serie temporali, informazioni dal simbolismo satellitare, possiamo implicitamente approvare i modelli guardando le serie temporali o distinguere gli elementi dell'infezione della patata. Nelle svolte metropolitane degli eventi e nelle condizioni degli edifici, le panoramiche mostrano l'avanzamento dello sviluppo e della manutenzione della struttura, a cui possono essere collegate anche le probabilità di problemi di assicurazione delle inondazioni.

Il ridimensionamento fattuale aiuta a trovare i fattori esterni dei progetti di utilizzo distinti in vista del rilevamento remoto ed è simile con gli effetti collaterali delle dissezioni basate su immagini satellitari. Inoltre, praticamente identico a diverse metodologie, che rafforza la fiducia nei modelli. Le informazioni sugli obiettivi migliorate supportano l'organizzazione dell'assicurazione dell'ambiente naturale marino, l'input per la valutazione del rischio, ma possono anche essere utilizzate per scomporre le informazioni sull'utilizzo degli edifici. La produttività dei metodi di downscaling può essere ampliata con la barra degli strumenti Internet of Things. L'incremento della quantità di percezioni consente una rappresentazione più precisa delle circostanze climatiche del vicinato per misurare le inondazioni e gli impatti delle isole di calore, nonché altri punti di vista pratici di preparazione metropolitana .

Seaside l'osservazione dell'industria dei viaggi può essere incorporata con le informazioni sul traffico per far avanzare il traffico dei dirigenti e in questo modo ridurre i deflussi di contaminazione. L'impatto del trasporto sui danni alle piante può essere incorporato come componente da analizzare, oppure possiamo utilizzarlo per riconoscere i progetti nello sviluppo della popolazione.

Lo sviluppo della popolazione influenza l'utilizzo dell'acqua, può danneggiare le piante, mostrare la fama delle regioni balneari, ma allo stesso tempo è ragionevole per sviluppare ulteriormente l'organizzazione dei veicoli. Poiché lo sviluppo degli occupanti è saldamente connesso al quadro, è un contributo davvero importante alla preparazione metropolitana.

Le informazioni dei sensori dell'Internet of Things consentono di confermare i fini tratti dalle immagini satellitari, poiché una stazione di stima (Jimenez et al., 2019) espande la quantità di percezioni, in questo modo è possibile realizzare migliori disposizioni di ridimensionamento. Tende ad essere utilizzato per l'indagine causale del danno morfologico delle piante e sostiene l'organizzazione della richiesta di acqua del sistema idrico agricolo, tuttavia può anche essere inserito nei modelli di alluvione.

Nell'applicazione Big Data, che sostiene la richiesta di energia dei dirigenti delle strutture, possiamo utilizzare le informazioni sull'utilizzo dell'acqua come espansione, le opzioni di miglioramento possono essere posizionate alla luce delle informazioni sulle serie temporali, o in vista delle serie storiche ricavate dalle immagini satellitari, che può essere sostenuto da una comprensione più profonda delle informazioni ridimensionate della richiesta di energia, sulla base del fatto che l'obiettivo delle informazioni informative può essere migliorato.

Alla luce della disposizione introdotta del sistema dei framework, si può benissimo percepire come i nuovi effetti collaterali delle applicazioni Big Data legate al cambiamento ambientale si aggiungano a diverse regioni. Il rilevamento remoto dell'utilizzo dell'acqua, l'indagine sul contenuto d'acqua delle nuvole e l'acqua agraria del modello di bordo si aggiungono all'obiettivo di acqua pulita e disinfezione. L'organizzazione in vista dell'esame delle informazioni sul traffico, la concentrazione sugli sviluppi demografici e sui modelli di inondazione supportano l'obiettivo dell'industria, del progresso e del quadro. Un'adeguata preparazione metropolitana dell'ambiente, il controllo dell'interesse energetico delle strutture e la caratterizzazione della versatilità del fiasco assumono un ruolo significativo nella realizzazione di aree e reti urbane economiche. L'obiettivo dell'azione per il clima gestisce la maggior parte dei buchi di informazione, quindi l'esame, ad esempio, il collegamento delle immagini satellitari con la qualità dell'aria, la loro preelaborazione, l'analisi delle informazioni sulle serie temporali e la loro indagine, le strategie di ridimensionamento, il miglioramento delle informazioni sulle precipitazioni e sulla temperatura, in seguito allo sviluppo di nebbie o semplicemente l'utilizzo di sensori IoT sono fondamentali per escogitare una tecnica che aiuti il raggiungimento dell'obiettivo ambientale. Per la manutenibilità della vita sott'acqua, è possibile incorporare modelli di aspettativa di vita marina e movimento umano in riva al mare. Ovviamente, anche l'obiettivo della vita a terra richiede un nuovo esame, in cui un'indagine satellitare sull'agricoltura e il servizio di guardia forestale, l'invio di sensori IoT, l'indagine sugli elementi climatici del danno delle patate, concentrandosi sulla morfologia delle piante o sull'intrattenimento basato sul web rappresentazione dell'utilizzo dell'olio di palma sono promettenti. Associazioni per gli obiettivi è fondamentale in più di un modo, da un punto di vista suggeriamo il raduno delle amministrazioni ambientali, che si adatta all'idea SoS che proponiamo, e poi di nuovo vogliamo davvero coordinare le informazioni e dare critiche alla società. Uno strumento entusiasmante per stimare l'adeguatezza delle misure relative all'ambiente e alla gestibilità è l'analisi delle osservazioni informative.

È fondamentale per la funzionalità che la ricerca sui Big Data sul cambiamento ambientale può essere utilizzata in diverse regioni e come mostrato dalla raccolta degli SDG nella Figura 5. In questo modo, alla luce della prospettiva SoS suggerita, i particolari effetti collaterali delle attività di lavoro innovative legate alla manutenibilità possono essere coordinati, migliorando la raccolta e l'utilizzo delle informazioni.

5. Conversazione

Questo documento ha illustrato il requisito fondamentale per obiettivi di lavoro innovativi per comprendere e affrontare le sconvolgenti questioni del cambiamento ambientale attraverso apparati Big Data. Le applicazioni basate sull'informazione sono state ispezionate attraverso l'indagine co-evento di slogan, che hanno mostrato l'uso illimitato delle innovazioni e degli strumenti dei Big Data, tuttavia, gli esami integrativi e utilizzati a fondo sono meno predominanti.

Questo esame intendeva evidenziare il punto di vista dei frameworks of frameworks (SoS) come i driver e gli impatti dell'ambiente, nonché il fatto che la loro flessibilità e trasformazione non si stabilizzava completamente senza l'indagine delle energie di cooperazione tra nuovi modelli di esplorazione e treni. Alla luce della prospettiva SoS suggerita, è possibile coordinare i particolari effetti collaterali delle iniziative di lavoro innovative legate alla gestibilità, migliorando la raccolta e l'utilizzo delle informazioni. I dispositivi delle scienze dell'informazione e dei quadri possono assumere un ruolo urgente nel riconoscimento delle difficoltà ambientali e nella moderazione aprono porte a causa del coordinamento di informazioni e modelli eterogenei e dell'indagine della connessione tra elementi naturali e sociali. Questo ragionamento coordinato pone le basi per promettenti modelli futuri nella determinazione dell'ambiente.

Si può benissimo garantire che l'esame d'élite delle variabili climatiche non può ottenere un'adeguata trasformazione chiave senza l'aiuto di qualcun altro, piuttosto gli elementi socio-naturali dovrebbero essere incorporati nei modelli di cambiamento ambientale.

Alleviare gli effetti del cambiamento ambientale e delle variazioni fruttuose richiede una preparazione convincente delle chiavi del cambiamento ambientale da parte delle nazioni in generale la cui direzione richiede modelli complessi e fonti di dati. La cassetta degli attrezzi dei Big Data consente la sistematizzazione, la gestione e la valutazione di informazioni e fonti di dati eterogenee, cosa impraticabile con gli strumenti di esame disciplinare convenzionali. L'armonizzazione delle informazioni logiche in costante crescita e l'ampliamento delle fonti di informazioni legate al cambiamento ambientale potrebbe essere una delle commissioni più terribili per gli scienziati in seguito. Questa esplorazione ha introdotto gli strumenti di esame dei Big Data e il loro impegno nell'indagare gli attributi del cambiamento ambientale così come i partner legati alle attività ambientali, ad esempio, la sostenibilità e le sociologie che sono fondamentali per la fruttuosa svolta degli eventi e l'esecuzione dei sistemi.

Capitolo 4 Valutazioni del cambiamento climatico, delle perturbazioni meteorologiche e degli effetti domestici

Il cambiamento ambientale, che è un corso di cambiamento del quadro ambientale su un tratto significativo e su un'ampia regione a causa di cicli regolari o come risultato dell'azione umana, si è trasformato in un problema mondiale. I cicli regolari hanno un piccolo impegno per il cambiamento ambientale, mentre l'azione umana è il principale donatore. L'International Panel on Climate Change (IPCC) ha annunciato che la prova dell'impatto umano sul cambiamento del quadro ambientale è chiara. Il cambiamento ambientale è collegato ai progressi finanziari mondiali che influiscono sul miglioramento dell'industrializzazione, inclusa l'emanazione di sostanze che riducono l'ozono. Le sostanze dannose per l'ozono sono composte da pochi gas; uno di questi è l'anidride carbonica (CO2), che è principalmente prodotta da esercizi che consumano energia. L'obiettivo della CO2 si è ampliato del 31% a partire dal 1750 circa, il che è stato causato principalmente dalla deforestazione, dagli esercizi di trasporto e dall'area moderna. I ricercatori hanno visto il cambiamento delle strutture ambientali per mezzo di alcuni segni: la temperatura tipica mondiale è aumentata di 0,6°C a partire dal 1861 circa e successivamente di °C per tutto il ventesimo 100 anni. Inoltre, il livello dell'oceano mondiale è aumentato da 0,1 a 0,2 metri nel corso del ventesimo secolo. Alla fine, il manto nevoso e il grado di ghiaccio sono diminuiti di circa il 10%.

Si prevede che i cambiamenti ambientali influenzino sia il clima che l'umanità, sebbene il benessere umano sia influenzato dalla condizione biologica. I cambiamenti dell'ambiente influenzano in modo antagonistico le persone, incluso il loro benessere, in più di un modo. L'aumento della temperatura mondiale porta alcuni problemi alle persone che hanno infezioni respiratorie come l'asma. Un'esplorazione ha rivelato un aumento della frequenza dell'asma grave durante un temporale nella stagione delle polveri a causa della sensibilità. Un altro caso ha rivelato che precipitazioni elevate, temperature elevate e vento hanno un impatto sui compiti proattivi degli individui all'aria aperta, compresi i giovani. Il lavoro attivo è uno dei fattori determinanti del benessere. Un altro impatto del cambiamento ambientale sul benessere è legato alle malattie trasmesse da vettori. In questo modo, a causa della fluttuazione dell'ambiente, della situazione finanziaria, della capacità di controllo dei vettori e dell'opposizione ai farmaci, come da tale prova, il cambiamento ambientale e il benessere umano sono correlati.

In quanto importante stato arcipelagico, l'Indonesia è una delle nazioni indifese contro i cambiamenti ambientali in considerazione della sua posizione geologica e dell'ambiente subtropicale; allo stesso modo ha un enorme spessore di popolazione, che dipende dall'agricoltura. L'ascesa del livello dell'oceano, le inondazioni, la stagione secca e le valanghe sono vari tipi di rischi di cambiamento ambientale che danneggiano l'Indonesia. Il cambiamento ambientale in Indonesia è stato osservato dall'aumento della temperatura di circa 0,3°C a partire dal 1990 circa e si è verificato in tutte le stagioni durante tutto l'anno. Durante le precipitazioni, si prevedeva che l'Indonesia registrerà circa il 2-3% in più di precipitazioni ogni anno a causa del cambiamento ambientale. Negli ultimi trent'anni, l'Indonesia ha incontrato alcuni fiaschi, l'80% dei quali legati al cambiamento ambientale. Ciò ha dimostrato che l'Indonesia è un paese davvero debole al cambiamento ambientale.

Yogyakarta è una città dell'Indonesia che ha affrontato il cambiamento ambientale, ricordandone gli effetti sul benessere. In ogni caso, una ricerca ristretta ha stimato il cambiamento ambientale e il suo effetto da queste parti. L'esame ha mostrato che la temperatura nelle aree metropolitane di Yogyakarta era cambiata in contrasto con la regione rurale; questo rintracciamento ha dimostrato che la città si sta rivelando calda. Il cambiamento della copertura del suolo è stata una variabile che ha innescato lo spostamento della temperatura nelle aree metropolitane di Yogyakarta. Un'altra occasione di cambiamento ambientale che si è verificata a Yogyakarta è l'ambiente scandaloso. Di recente, Yogyakarta è stata colpita da un tornado che ha colpito discretamente il pubblico in generale. In quell'evento, l'energia concentrata dell'acquazzone ha causato inondazioni in alcune aree di Yogyakarta.

L'aumento della temperatura e l'evento di tifoni e inondazioni, che sono assortimenti di influenze del cambiamento ambientale, hanno avuto un impatto sul benessere umano a Yogyakarta. Gli specialisti del benessere di quartiere hanno registrato nell'ultimo decennio la quantità di malattie trasmesse da vettori, ad esempio la febbre dengue, che è aumentata più volte nel periodo 2001-2010. Allo stesso modo hanno rivelato casi di leptospirosi in alcuni anni. Le due malattie potrebbero essere collegate all'elevata potenza delle precipitazioni a Yogyakarta come effetto del cambiamento ambientale.

L'indagine sulla comprensione dei giovani in relazione all'influenza del cambiamento ambientale sul benessere è un segmento fondamentale per alcune ragioni. Per cominciare, avere un limite di versatilità superiore rispetto agli adolescenti è significativo. Come modello semplice, supponendo che i giovani comprendano che l'apertura al sole danneggia la loro pelle, applicheranno un'assicurazione adeguata. Conoscere l'inclinazione dell'intervistato nei confronti dei dati di origine del cambiamento ambientale è una parte fondamentale per fornire dati potenti e competenti. In secondo luogo, un adolescente o un giovane è un legittimo risolutore di problemi il cui lavoro concepibile è un trasportatore di messaggi di cambiamento ambientale. Alcune indagini si sono effettivamente collegate ai giovani come trasportatori di messaggi. In ogni caso, un certo numero di studi tendeva al lavoro dei giovani nel cambiamento ambientale, ricordando per l'Indonesia. Nonostante l'esame sia stato condotto per cogliere il discernimento giovanile in un punto comparativo, esso è stato coordinato in un piccolo contesto. In questo modo è fondamentale creare ricerca in un contesto più ampio.

Tenendo conto dell'intera base, è essenziale notare il punto di vista degli adolescenti riguardo all'influenza del cambiamento ambientale sul benessere. Quindi, alludiamo alla regola IPCC nel ciclo di trasformazione in cui le informazioni sono diventate una parte su sei nell'esecuzione della variazione. Nel nostro contesto, ci siamo collegati con i giovani come una componente dell'area locale, che potrebbe assumere un ruolo nel portare messaggi di cambiamento ambientale nell'area locale come caratteristica della prontezza alla trasformazione del cambiamento ambientale. Il nostro esame è stato mirato a valutare le informazioni sullo sviluppo degli adolescenti sull'influenza del cambiamento ambientale sul benessere ea fornire suggerimenti su attività adeguate per ampliare le informazioni sui giovani.

2. Materiali e metodi

Questa rassegna trasversale è stata condotta nella città di Yogyakarta, in Indonesia. Il numero di abitanti della nostra rassegna comprendeva 18.899 studenti della scuola secondaria di secondo grado. Tenendo conto di un livello di certezza del 95%, un errore di bordo dello 0,59% e una mezza predominanza, la dimensione dell'esempio di base richiesta era di 376 sostituti (Epi Info rendition 7). Allo stesso modo, abbiamo isolato la scuola in quattro gruppi: scuola secondaria generale, scuola secondaria professionale, scuola secondaria statale e scuola secondaria riservata. Venti scuole, che sono state ricordate per il nostro esempio come rappresentazione di 83 scuole nella città di Yogyakarta, sono state scelte a caso. Per questa revisione sono stati iscritti un totale di 508 studenti che frequentavano il 2° anno della scuola secondaria di secondo grado.

Le informazioni sono state raccolte da giugno a settembre 2016. Abbiamo raggiunto gli studenti universitari che la scuola ha mostrato di unirsi a questa esplorazione nelle loro aule. Prima della revisione, è stato fornito un chiarimento sulla revisione, inclusi i dati sull'opportunità di interrompere l'esame senza disciplina. Per gli studenti che hanno acconsentito a partecipare a questo esame, è stato ottenuto da loro un consenso informato composto.

Il sondaggio è stato suddiviso in tre sezioni: indagini generali, cambiamento e benessere ambientale e inclinazione ai dati di origine. Il segmento iniziale comprendeva 13 richieste di informazioni sul discernimento del cambiamento ambientale nel sistema generale. La parte successiva ha riguardato le opinioni dei membri sul cambiamento e il benessere ambientale (10 richieste, ad esempio, l'effetto delle occasioni di cambiamento ambientale sul benessere delle persone e la loro inclinazione a fonti di dati sul cambiamento e sul benessere ambientale. Ogni risposta dell'intervistato è stata valutata come 1 punto La terza parte riguardava l'inclinazione alla fonte di dati.

L'approvazione morale per questo studio è stata acquisita dall'Ethical

Review Board dell'Universitas Ahmad Dahlan, Yogyakarta, Indonesia.

È stato creato un esame da Microsoft Excel e SPSS per comunicare la ricorrenza e il totale per ciascuna richiesta.

3. Risultato

Gli intervistati hanno ritenuto che il cambiamento ambientale non fosse un problema significativo; poco meno del 15% degli intervistati ha bollato il cambiamento ambientale come una questione vitale. I membri si sono concentrati maggiormente sull'indigenza e sulla carenza di cibo e acqua. Solo il 5% circa dei membri si aspettava che il grado di serietà dell'area locale riguardo al cambiamento ambientale fosse un problema intenso, mentre dal punto di vista dei membri, solo il 7% circa degli intervistati riteneva che il cambiamento ambientale fosse un problema difficile. La maggior parte dei membri ha affermato di conoscere abbastanza il motivo del cambiamento ambientale (79,53%), il risultato (53,94%) e il tentativo di gestire il cambiamento ambientale (59,45%). La stragrande maggioranza di loro ha anche accettato che il cambiamento ambientale sia un'interazione robusta a causa della loro supposizione che il cambiamento ambientale sia determinato da un ciclo caratteristico (51,18%), non determinato dal movimento umano. Gli intervistati hanno capito moderatamente (51,18%) che la CO2 influisce in modo eccezionale sul cambiamento ambientale. Inoltre, il 77,36% degli intervistati concorda sul fatto che l'area moderna ha avuto un impegno impressionante per il cambiamento ambientale. Oltre la metà degli intervistati ha contraddetto la spiegazione secondo cui la prova del cambiamento ambientale non è convincente. Inoltre, oltre il 60% degli intervistati sapeva che l'innalzamento del livello degli oceani e le inondazioni erano una sorta di influenza del cambiamento ambientale .

Il cambiamento ambientale è un problema difficile ovunque. Allo stesso modo, si dovrebbe tendere a un legittimo tentativo di limitare l'effetto attraverso il sollievo e la variazione. La mancanza di informazioni sul cambiamento ambientale nel pubblico in generale influisce sulla loro capacità di moderazione e sforzi di trasformazione. Gli adolescenti, che sono essenziali per il grande pubblico, sono un raduno che dovrebbe affrontare i cambiamenti ambientali d'ora in poi. Inoltre, gli adolescenti sono ottimi risolutori di problemi per trasmettere messaggi di cambiamento ambientale. Conoscere e trovare la falla nelle informazioni sui cambiamenti ambientali dei giovani è fondamentale per dare un impegno legittimo ai giovani . C'è una valutazione in via di sviluppo secondo cui l'informazione è una delle questioni centrali che fabbricano localmente il limite versatile, quindi la stima delle informazioni è essenziale.

In questa revisione, abbiamo stimato le informazioni sul cambiamento ambientale tra i giovani che frequentavano la scuola secondaria superiore. Attraverso un sondaggio organizzato, abbiamo rintracciato alcune carenze informative tra i membri. Per cominciare, i membri non consideravano il cambiamento ambientale come un problema difficile o avevano una scarsa consapevolezza del cambiamento ambientale. Gli sfortunati vedendo forse collegati alla loro prospettiva che la prova del cambiamento ambientale non è convincente. Questo risultato non è stato lo stesso di un'esplorazione nella Repubblica Ceca che ha distinto il fatto che oltre l'80% dei membri dell'esame (giovani) aveva una grande consapevolezza del cambiamento ambientale. Inoltre, i membri non hanno percepito che il cambiamento ambientale è determinato da elementi antropogenici. Di conseguenza, dal loro punto di vista si può benissimo vedere che il cambiamento ambientale è stato un ciclo forte; allo stesso modo, hanno enunciato che il cambiamento ambientale è determinato da un'interazione caratteristica. Poi di nuovo, ovviamente, le persone hanno aggiunto in modo significativo all'espansione delle sostanze che riducono l'ozono, che hanno innescato un aumento della temperatura in tutta la Terra e il cambiamento ambientale. Pertanto, come espresso dall'IPCC, la popolazione totale deve smettere di irradiare sostanze nocive per l'ozono per prevenire l'influenza del cambiamento ambientale estremo.

Nonostante il fatto che i membri abbiano informazioni sfortunate riguardo al motivo del cambiamento ambientale, si rendono conto che il cambiamento ambientale influisce davvero sul benessere umano. Un risultato simile è stato espresso in un esame in Bangladesh, dove gli adolescenti hanno avuto una discreta comprensione dell'effetto del cambiamento ecologico sul benessere. In ogni caso, in questa esplorazione, è stato riconosciuto che i giovani non vedevano in profondità quale tipo di benessere fosse influenzato dal cambiamento ambientale. Quindi, tende a essere visto dal punto di vista dei membri che il cambiamento ambientale influenza solo malattie irresistibili e non colpisce malattie non infettive come le infezioni cardiovascolari. Tenendo conto di questa scoperta esplorativa, è importante incorporare la scienza del cambiamento ambientale nei piani educativi scolastici, come indicato in un concentrato in Austria e Danimarca, che è fondamentale per sviluppare ulteriormente la formazione in materia di scienza del cambiamento ambientale, anche attraverso il sistema educativo.

I membri hanno scoperto che la loro fonte di dati essenziali sui cambiamenti ambientali proviene dalla famiglia. Siamo rimasti sbalorditi dal modo in cui, nel periodo avanzato, la maggior parte degli adolescenti si aggrappava ai valori della famiglia. Questa scoperta è affidabile con un'esplorazione in cui i giovani hanno ottenuto dati sulla contraccezione dalla famiglia, dai compagni e dalla scuola, che sono media non digitali. Questa esplorazione è stata diretta a Yogyakarta, una piccola città che mantiene la stima della famiglia. Forse questa era la giustificazione del motivo per cui gli studenti universitari, che sono i nostri intervistati, hanno affermato che la famiglia è la fonte essenziale dei dati.

L'inclinazione dei seguenti membri per la fonte di dati era computerizzata, di massa e media elettronici, che erano Internet, radio e TV, articoli logici e inoltre giornali e riviste. La TV è un noto diversivo implicato nel gruppo di persone indonesiane a causa della sua semplicità ed efficienza. Questo risultato dell'esplorazione è stato praticamente come un esame in India, dove circa il 60% degli intervistati ha affermato che la TV è la loro fonte di dati sui cambiamenti ambientali. Nel frattempo, l'utilizzo di telefoni cellulari o aggeggi si è trasformato in uno stile di vita ben noto anche in Indonesia. Il rapporto di Statista afferma che, nel 2017, i clienti di telefoni cellulari in Indonesia si sono espansi rapidamente a partire dal 2011 circa. Entro il 2017, si stima che oltre 60 milioni di persone utilizzeranno i telefoni cellulari in Indonesia, praticamente il 24% della popolazione assoluta dell'Indonesia. Allo stesso modo, i telefoni cellulari potrebbero essere uno strumento promettente per la diffusione dei dati, ricordando che i cambiamenti ambientali influiscono sul benessere. Questa constatazione era in accordo con un esame che esprimeva che i media informatici devono essere considerati come il dispositivo principale per l'avanzamento del benessere generale, non solo come uno strumento aggiuntivo.

In generale, il modo in cui i membri potrebbero interpretare il cambiamento ambientale e il suo effetto sul benessere umano è moderatamente non affidabile. Ad esempio, hanno affermato che il cambiamento ambientale è determinato da un'interazione caratteristica, tuttavia, ancora una volta, hanno convenuto che l'area moderna è una delle ragioni del cambiamento ambientale. In un altro modello, gli intervistati hanno affermato che il cambiamento ambientale ha influenzato il benessere umano, ma non hanno offerto risposte adeguate sull'effetto del cambiamento ambientale sulle malattie non infettive. Fondamentalmente, la mancanza di informazioni da parte dei giovani adulti rispetto al cambiamento ambientale influenza il loro punto di vista sul cambiamento ambientale stesso, ricordando l'effetto per il benessere. Il miglioramento dell'informazione giovanile dovrebbe essere in accordo con il miglioramento dell'intero partner, ricordando i dirigenti dell'area scolastica. La nostra recensione ha alcuni vincoli. Per cominciare, questo studio è stato condotto solo in uno dei pochi distretti, quindi la creazione del risultato in diverse regioni dovrebbe essere fatta con cautela. In secondo luogo, era difficile garantire la realtà delle risposte dei membri.

Alludendo a questo esame, proponiamo che le future indagini promuovano un programma che intenda lavorare sull'informazione e la coscienza dell'intero territorio attraverso un programma integrato, che si concentri sui giovani così come su altri parenti e dirigenti. Questo programma potrebbe essere eseguito in un ambiente più ampio per interessare generalmente l'area locale. Allo stesso modo, dovrebbe essere possibile costruire la consapevolezza del cambiamento ambientale negli adolescenti utilizzando i media famosi, come TV, radio e intrattenimento virtuale, per dare prova del cambiamento ambientale attraverso una straordinaria vivacità. Allo stesso modo, raccomandiamo che la valutazione delle informazioni in un secondo momento si concluda con la valutazione della formazione per avere una conclusione completa.

Capitolo 5 Spaventi meteorologici, effetti e capacità delle famiglie

Una serie di fattori di rischio spesso fa ripagare le oscillazioni e l'utilizzo delle famiglie nelle nazioni non industriali. Il grado di tali oscillazioni dipende da alcune variabili, compresi i doni familiari, il loro grado di apertura a tali pericoli e la loro capacità di adattarsi a questi shock. La disposizione delle benedizioni familiari incorpora fattori come il possesso di risorse (ad es. terra, animali), risultati istruttivi, competenza, esperienza e così via. La disposizione dei fattori di rischio che le famiglie devono affrontare coinvolge sia parti particolari (morte o malattia del capofamiglia) sia parti covariate (ad esempio, danni a causa di inondazioni). Alla fine, la capacità delle famiglie di adattarsi agli shock si basa sulla loro ammissione a componenti di protezione formali e casuali (ad esempio, ottenere da compagni e prestatori di denaro), che hanno ramificazioni significative per le loro possibilità di utilizzo futuro, espandendo in questo modo la loro debolezza a bisogno. In questa recensione, utilizzando un indice informativo di 1.909 famiglie da una panoramica focalizzata su shock e strategie di sopravvivenza, esploriamo l'effetto di shock climatici come la sfortuna rurale (ad esempio, danni ai raccolti) o danni alla proprietà causati da eventi catastrofici sulla prosperità familiare. Esploriamo l'effetto di tali shock su varie classificazioni di abbondanza delle famiglie.

L'imprevedibilità della retribuzione familiare insieme a diverse variabili, in caso di shock, incidono negativamente sull'utilizzo della famiglia. Pertanto, le famiglie si trovano ad affrontare un compromesso ex post tra la salvaguardia degli usi alimentari e non alimentari. Il significato di tali compromessi risulta essere particolarmente urgente per quanto riguarda i contesti nazionali e geologicamente testati nei paesi emergenti. Gli scopi dietro questa particolarità sono duplici, con il bisogno come primo. Quello successivo è l'assenza di sistemi formali di protezione e condivisione dei rischi. Mentre i risultati cambiano tra le nazioni, lo scritto sulla condivisione del gioco d'azzardo raccomanda alle famiglie, in generale, di capire come salvaguardare l'utilizzo del cibo anche con shock eccentrici sull'utilizzo non alimentare. In questa circostanza unica, a causa dell'assenza di componenti soddisfacenti per la condivisione di scommesse casuali per alleviare gli effetti sfavorevoli di uno shock, le famiglie tentano di smussare il loro utilizzo alimentare ex post modificando il loro utilizzo non alimentare.

Tuttavia, questa componente non è così diretta per le famiglie che affrontano shock covariati. In un esame di adattamento allo shock sull'Etiopia rustica, la reazione delle famiglie riluttanti al rischio a shock regolari e finanziari provoca sia una diminuzione dell'utilizzo del cibo che l'esaurimento dei fondi di riserva. Allo stesso modo, tali cambiamenti discendenti nell'utilizzo del cibo tendono ad essere più importanti per le famiglie con capofamiglia in un rapporto sulle famiglie etiopi. Nel complesso, l'utilizzo del cibo è diminuito in misura maggiore rispetto ai loro partner maschi. Un altro rapporto è incentrato su come le vulnerabilità provocate da fattori climatici (in particolare precipitazioni e temperatura) influenzano il trasferimento umano in Bangladesh attraverso il canale dell'efficienza orticola. Scoprono che una diminuzione della retribuzione rurale, provocata dalle variazioni climatiche, provoca un'espansione del tasso di trasferimento.

Le tecniche di sopravvivenza adottate per sostenere le spese degli shock e per garantire il grado di utilizzo del flusso decidono gli impatti dell'assistenza delle amministrazioni pubbliche degli shock. Nelle economie che creano salari bassi, dove manca in larga misura il sistema di protezione adeguato, le famiglie potrebbero alleviare i pericoli di utilizzo di eventi sfavorevoli adottando un solitario o un accordo di tecniche di sopravvivenza casuali. Le famiglie potrebbero apportare modifiche alla loro retribuzione ex post e all'utilizzo partecipando a vari esercizi casuali a bassa retribuzione. Le famiglie potrebbero essere costrette ad attirare i bambini nell'area informale dei colletti blu invece di mandarli a scuola. Le famiglie potrebbero impegnarsi a mettere le risorse in raccolti e risorse ok e a basso rendimento. Le famiglie possono ricorrere all'utilizzo dei propri risparmi, ottenendo da compagni e familiari o usurai con spese di finanziamento esorbitanti. Le famiglie potrebbero essere costrette a vendere le loro risorse utili e gli animali domestici. Ognuno di questi piani di moderazione del gioco d'azzardo può contribuire ad appianare il livello di flusso di utilizzo della famiglia nel transitorio in conseguenza di uno shock.

Comunque sia, metodi di sopravvivenza come ottenere e sottrarre risorse utili hanno conseguenze a lungo termine eccezionalmente elevate per le famiglie. Tali modi per affrontare l'attenuazione del rischio possono portare le famiglie all'obbligo, causando un calo dei loro livelli di utilizzo futuro e agitando le famiglie per tutto l'indigenza. Le ripercussioni della vendita di risorse utili possono andare dall'aumento del costo a porte aperte della raccolta di valore delle risorse umane alla caduta nelle trappole del bisogno intergenerazionale (l'ultima opzione può essere vista in ulteriori casi estremi per le famiglie più sfortunate). Molte prove osservative mostrano che le famiglie offrono risorse per l'utilizzo della culla. Ad esempio, in un esempio di famiglie dello Zimbabwe a seguito di uno shock della stagione secca nel 1994-1995, che ha provocato un enorme calo nella produzione di raccolti e nella retribuzione, le famiglie che dettagliano gli affari di tori sono aumentate al 36,3% nel 1996 dal 15,3% nel 1995. Sorprendentemente, quasi la metà di questi scambi avveniva per acquistare cibo per le famiglie.

Il Bangladesh è una pianura del delta fluviale che attraversa 147.570 chilometri quadrati. Si trova nell'Asia meridionale tra 20°34' e 26°38' di portata nord e tra 88°01' e 92°41' di longitudine est, con una costa sul litorale settentrionale del Golfo del Bengala. Il Bangladesh è una delle nazioni più inclini alle calamità del pianeta ed è profondamente impotente contro i cambiamenti ambientali a causa della sua interessante area geofisica. Con la sua lunga storia di eventi catastrofici, costantemente, tali disastri scatenano distruzione nelle vite degli individui in questo paese densamente popolato. Nonostante ciò, dalla sua libertà nel 1971, la nazione ha compiuto progressi sbalorditivi nella diminuzione del bisogno, sviluppando ulteriormente il tasso di istruzione, migliorando l'accesso all'acqua potabile sicura e alla sterilizzazione, diminuendo il tasso di mortalità dei neonati e per quanto riguarda altri mercati finanziari. Il ritmo del bisogno a livello pubblico basato sulla percentuale di capi inclusi è sceso al 24,3% nel 2016 da un massimo del 31,5% nel 2010. Nella provincia del Bangladesh, il livello di famiglie che beneficiano dei programmi delle reti di benessere sociale (SSNP) è aumentato da circa 30,1 % nel 2010 al 34,5% nel 2016. In ogni caso, questa misura non rispecchia la divergenza provinciale dei livelli di indigenza e la gravità del bisogno nelle regioni rurali. Nel 2016, il tasso di indigenza è stato essenzialmente pari al 47,2% nella divisione di Rangpur, con un ritmo di indigenza maggiore del 48,2% nelle sue regioni rustiche. Questa zona è impotente contro l'incertezza alimentare, che trasuda da varietà occasionale nella paga del raccolto.

Durante il periodo di 30 anni, il Bangladesh ha perseverato a nord di 200 eventi catastrofici. Eventi catastrofici, ad esempio inondazioni, tifoni, ristagno idrico, tempeste, inondazioni e così via, provocano enormi danni alla creazione agraria, alla fondazione del paese e alla proprietà. Diversi tipi di eventi catastrofici in Bangladesh hanno causato una carenza di 184,25 miliardi di BDT. La varietà di corsi d'acqua, la disintegrazione del mare e il cedimento del suolo insieme alla sua posizione geologica e alle circostanze climatiche antagonistiche aprono il Bangladesh a livelli oltraggiosi di rischio e debolezza di calamità. Tra i vari tipi di debacle, l'alluvione è la principale fonte di sventura, contribuendo per il 23,3% al danno, trascinata dalla disintegrazione del lungomare o del torrente (19,76%), dal tornado (15,41%) e dal ristagno idrico (8,72%). Diverse classificazioni, in particolare periodi di siccità, cicloni, tempeste o inondazioni, temporali, valanghe, salsedine, grandinate e così via, registrano insieme il 32,30% della vocazione familiare e dei danni alle risorse. Di recente, due uragani significativi, Amphan (nel 2020) e

Bulbul (nel 2019), hanno creato un grave quadro di cancellazione nelle regioni colpite. Amphan ha colpito circa 2,2 milioni di famiglie con una perdita stimata di 3,25 miliardi di USD e Bulbul ha avuto un impatto su circa 722.674 famiglie e ha causato danni strutturali per un valore di 5,5 milioni di USD (IFRC, 2019, 2020). Gli specialisti prevedono che la ricorrenza e la gravità di questo tipo di normali calamità probabilmente aumenteranno con il cambiamento ambientale.

Gli shock sono caratterizzati come occasioni che potrebbero influenzare negativamente la prosperità delle famiglie nel breve o nel lungo periodo. Nel breve periodo, gli shock possono avere un impatto sulla prosperità influendo sulla retribuzione del flusso (ad esempio, a causa della diminuzione dell'offerta di lavoro) o sull'utilizzo o sulla vendita di risorse utili. Inoltre, quanto gli shock possano influenzare la prosperità delle famiglie a lungo termine dipende dalla capacità delle famiglie di trattenere gli shock e dalle decisioni prese per adattarsi agli shock. Un contrasto critico tra shock di benessere e shock climatici è che i precedenti non possono scolpirsi nella pietra e gli ultimi tipi di opzioni sono per la maggior parte determinati da poteri regolari e ancora nell'aria. In questo capitolo, esaminiamo principalmente l'effetto degli shock climatici e di altri shock finanziari non legati al benessere (ad es. disoccupazione o disgrazie aziendali) sull'utilizzo della famiglia. Con l'obiettivo finale di questo capitolo, gli shock climatici sono ampiamente suddivisi nelle classificazioni di accompagnamento: danni alle colture, perdita di animali e pesca e danni alla proprietà causati da eventi catastrofici. Le disgrazie negli affari e la perdita di lavoro sono riunite in shock finanziari e il resto degli shock sono classificati come shock diversi. Anche il danno alla proprietà causato da un incendio è incluso come un'altra occasione ostile.

Inoltre, non sono incluse altre occasioni, che non possono essere definite come shock, quindi includono usi irregolari che potrebbero influenzare del tutto la prosperità della famiglia. Per questa classe vengono ricordati gli episodi, ad esempio, i costi per il matrimonio e la condivisione o il trasferimento all'estero. La legittimazione a ricordare tali occasioni risiede nel modo in cui le famiglie spesso cadono in obblighi acquistando da usurai, istituti monetari o compagni e membri della famiglia, o sperimentano la carenza di risorse utili vendendole o svendendole per far fronte a tali episodi. In entrambi i casi, l'utilizzo delle famiglie potrebbe diminuire fondamentalmente, in una certa misura nel breve periodo, a seconda delle variabili esplicite della famiglia. Le famiglie esaminate sono invitate a fornire dati sulla ricorrenza delle occasioni, tutte le disgrazie monetarie dovute allo shock, i costi sostenuti e le metodologie adottate per adattarsi allo shock.

Il tasso di shock più degno di nota e minore è guardato dalle famiglie che hanno un posto con i quintili di abbondanza più degni di nota (27,7%) e di centro (16,0%), individualmente, con il 22,1% dei più sfortunati che esprimono qualcosa di molto simile. Tra gli shock covariati, il crop damage dà l'impressione di essere quello significativo, influenzando il livello più elevato delle famiglie (16,6%). Questo è seguito da disgrazie animali o di pesca, che influenzano il 6,3% delle famiglie e danni alle proprietà a causa di eventi catastrofici (3,5%). Come si è visto a causa dell'incontro con qualcosa di simile a uno shock nel corso dell'anno passato in rassegna, nessun esempio inequivocabile si distingue per ogni tipo di shock contro lo stato di abbondanza delle famiglie.

Una gran parte delle famiglie (77,7%) riferisce di non essere in grado di adattarsi agli shock, il che suggerisce che o trascurano di utilizzare qualsiasi fonte di supporto alla luce degli shock o sono obbligati a usarli in modo insufficiente. Tale impotenza ad adattarsi agli shock è eccezionalmente elevata per i danni alle colture (94%) e la perdita di animali o per la pesca (88,5%). Questi due sono in generale gli shock salariali più immediati con effetto immediato per le famiglie che fanno affidamento sugli esercizi agrari per la resistenza. Di conseguenza, quando si verificano questi shock, la stragrande maggioranza delle famiglie trascura di fare qualsiasi mossa potente nel breve si precipita a compensare la disgrazia.

L'uso da parte della famiglia di fondi di retribuzione e investimento si accumula fino al 17,3% e al 19,2%, separatamente, per riprendersi da disgrazie immobiliari a causa di eventi catastrofici. Queste azioni dovrebbero essere collegate a momentanee oscillazioni del grado di prosperità familiare. Tuttavia, le informazioni presentano il significato dei sistemi che probabilmente avranno impatti devastanti a lungo termine come l'acquisizione da varie fonti e la vendita o la vendita di risorse. Le famiglie colpite utilizzano i prestiti dei compagni o dei membri della famiglia e delle IFM per proteggersi da shock diversi. Le famiglie ricorrono ai prestiti delle IFM nel 4,7% dei casi per sovrintendere al rapido fabbisogno di beni determinato dagli shock antagonistici.

Inoltre, in caso di danni alla proprietà a causa di eventi catastrofici, il 9,6% delle famiglie ha annunciato di aver acquistato da MFI. Tuttavia, la vendita o la vendita di risorse non viene utilizzata per vincolare i beni per adattarsi a shock climatici come danni al raccolto e perdita di animali o pesca, circa il 4,8% delle famiglie ha offerto i propri animali per finanziare la disgrazia della proprietà causata da eventi catastrofici. L'esame di cui sopra merita una prudente riflessione. Nella panoramica, le famiglie vengono contattate per riferire come hanno supervisionato le risorse per adattarsi agli shock. Di conseguenza, i metodi di sopravvivenza riflettono le scelte di sostegno utilizzate dalle famiglie a seguito degli shock, l'esame non rispecchia gli effetti degli shock su vari aspetti della prosperità delle famiglie come l'utilizzo e l'offerta di lavoro anche nel breve periodo. Poiché la stragrande maggioranza delle famiglie ha rivelato che non potevano adattarsi per modificare i danni e gli animali domestici o la sfortuna della pesca, il che potrebbe avere ampie ramificazioni per la prosperità familiare come la diminuzione dei costi di utilizzo o l'acquisizione a spese di prestito esorbitanti per tenere il passo con il loro livello in corso di utilizzo.

L'effetto piuttosto basso degli shock climatici sull'uso del cibo da parte della famiglia necessita di ulteriori spiegazioni. In questo articolo, i fattori di shock climatico sono stimati a livello familiare, alla luce delle intuizioni auto-annunciate delle famiglie. L'esperienza degli shock si sposta tra le famiglie all'interno della regione, a seconda dell'area dell'area agricola e della proprietà delle famiglie, che non si sono completamente insediate. Nell'esame espressivo dimostriamo che il tasso di shock non è soggetto al livello di abbondanza delle famiglie, il che suggerisce l'arbitrarietà delle occasioni climatiche. Poiché non tutte le famiglie all'interno di una specifica regione subiscono tali shock in un determinato periodo, componenti di protezione casuale come l'ottenimento di vicini o le IFM possono comunque assumere un ruolo significativo nella difesa dell'uso dell'uso delle famiglie. Nelle zone rurali del Bangladesh, ad esempio, il 16,2% e il 27,2% delle famiglie si adattano per ridurre i danni e gli shock per danni alla proprietà, separatamente, acquisendo da varie fonti (ad esempio, IFM, usurai formali e occasionali).

Gli shock climatici, ad esempio, inondazioni, tifoni, stagioni secche e precipitazioni eccessive influenzano in modo antagonistico la creazione di attività agricole e gli esercizi finanziari nelle regioni dei paesi. Una parte enorme delle famiglie che vivono nelle regioni provinciali sono soggette alla creazione agricola per il loro lavoro. Pertanto, la loro prosperità finanziaria dipende fondamentalmente dall'evento e dal grado di tali occasioni antagoniste. I pericoli di tali shock climatici sono molto più elevati nelle aree geologicamente testate. Senza traccia di uno strumento di protezione formale, le famiglie spesso dipendono da tecniche di protezione casuale o di sopravvivenza. Questi shock aumentano la debolezza delle famiglie al bisogno e diminuiscono le loro possibilità di uscire dall'indigenza. Per pianificare un quadro pensionistico convenzionale gestito dal governo per proteggere le famiglie dall'effetto monetario negativo di tali shock, è significativo avere una comprensione inequivocabile dell'effetto di tali shock equa e quadra di prosperità.

Questo capitolo valuta l'effetto di vari shock climatici sull'utilizzo basato sulle proporzioni della prosperità finanziaria in aree rurali lontane, che sono inclini a eventi catastrofici. Osserviamo che l'utilizzo del cibo delle famiglie contadine è in una certa misura garantito contro gli shock climatici, ma ciò non è vero per l'utilizzo non alimentare. Vediamo che le famiglie che hanno subito uno shock climatico nell'oltre 1 anno della panoramica hanno risparmiato su cose non alimentari in contrasto con quelle che non hanno subito tali shock. Riportiamo inoltre che gli shock climatici influenzano in modo antagonistico non solo l'utilizzo non alimentare delle famiglie meno fortunate, ma anche quello delle famiglie moderatamente più ricche nelle aree lontane del Bangladesh.

Capitolo 6 In che modo le famiglie affrontano e si adattano ai cambiamenti climatici

Il movimento istigato dall'ambiente è stato regolarmente visto come un lavoro o un processo graduale per sopravvivere in condizioni ambientali ostili e oltraggiose. Nonostante il fatto che gli allevatori ricorrano spesso al trasferimento per migliorare le fonti di pagamento o per un utilizzo agevole, il movimento gioca un ruolo molto più ampio da svolgere come tecnica di trasformazione. L'attuale revisione ha valutato l'impatto del discernimento del cambiamento ambientale sul movimento degli agricoltori. Inoltre, è stato sezionato l'impegno del trasferimento nel migliorare il limite versatile degli allevatori aumentando le loro capacità monetarie e le informazioni sull'attuale innovazione agricola. Alcuni parenti potrebbero scegliere di trasferirsi. Per quanto riguarda le circostanze finanziarie, l'età del capofamiglia, l'entità degli individui maschi all'interno della famiglia e la proporzione di dipendenza migliorano la consapevolezza delle aspettative degli altri riguardo al sostegno delle fonti di occupazione familiare e in questo modo hanno un impatto decisivo sul movimento degli allevatori. Gli allevatori istruiti sono più disposti a spostarsi poiché hanno familiarità con i vantaggi e le porte aperte accessibili da qualche altra parte. Inoltre, le dimensioni del terreno influiscono sul trasferimento degli allevatori. Il possesso è anche un importante movimento di considerazione. L'enorme dimensione della fattoria e la responsabilità per la terra aumentano la paga rurale, che può aiutare a rendere più agevole l'utilizzo e diverse necessità. Per correlazione, gli agricoltori e gli allevatori di piccole e piccole aziende che lavorano su terreni affittati hanno una maggiore sensazione di fragilità e quindi una maggiore tensione per trasferirsi.

Famiglie contrastanti e non in movimento, le famiglie di ranch che si trasferiscono concedono un migliore utilizzo della guida, dell'ambiente basato sull'informazione e l'innovazione e delle amministrazioni per l'aumento dell'orticoltura, ad esempio, dati dalle divisioni meteorologiche, funzionari del campo rurale, versatili, giornali e TV. Le famiglie di ranch che si trasferiscono per la maggior parte hanno un livello di variazione più elevato e sono più attrezzate per assumere informazioni, tecniche di trasformazione seria di capitali e beni a causa della ricezione di insediamenti da parte di familiari in movimento. Le famiglie immobili ottengono esternalità positive a causa dell'overflow. In generale, l'esame dimostra che le famiglie in movimento godono di un quasi sopravvento sulle famiglie che non si trasferiscono per quanto riguarda il limite di versatilità. Per comprendere ulteriormente il movimento come una tecnica di variazione, dovrebbero essere studiati i contrasti di reddito netto tra le famiglie che si trasferiscono e quelle che non si trasferiscono.

Per quanto riguarda i punti di vista strategici, l'accento dovrebbe essere posto sulla promozione del nesso tra riduzione del rischio, miglioramento e limitazione del lavoro nelle regioni rurali. L'autorità pubblica dovrebbe adoperarsi per stabilire scelte di lavoro delicate non ambientali per espandere la retribuzione della famiglia del ranch e migliorare il limite versatile. Inoltre, nelle regioni provinciali sono richieste tecniche di costruzione di limiti e preparazione sull'informazione di serie variazioni. Dovrebbero essere incoraggiate strategie che supportino e rafforzino le organizzazioni interpersonali attraverso la cooperazione locale per aggiornare la trasformazione basata sui gruppi si avvicini.

Capitolo 7 Le esportazioni di beni e servizi raggiungono le popolazioni nelle aree climatiche vulnerabili

Il significato degli insediamenti transitori alla luce dei giochi d'azzardo legati all'ambiente e dei loro effetti sulle popolazioni è stato oggetto di alcuni esami nella scrittura. Sorgono due modelli. Il primo accetta che sia stato fatto uno sforzo insufficiente per capire il lavoro degli insediamenti nel mezzo di eventi catastrofici. La spiegazione principale è che l'evento catastrofico delle organizzazioni del consiglio generalmente limiterà la capacità degli insediamenti dei viaggiatori. La spiegazione successiva è che gli esami attuali hanno utilizzato tecniche econometriche per valutare l'impatto degli insediamenti di viaggiatori nel mezzo della calamità, ignorando i discernimenti della popolazione. Quindi, queste indagini esprimono un minimo sui beneficiari di insediamenti transitori, sui determinanti di questi insediamenti e su come queste risorse extra aiutino le reti a riprendersi dagli shock ambientali. Mostra che la comprensione della connessione tra gli insediamenti dei viaggiatori e la debolezza e la forza della famiglia include il lavoro di questi beni nella routine quotidiana delle famiglie. In quanto tale, include cogliere il modo di comportarsi degli insediamenti nel pieno dell'emergenza ambientale e il suo effetto sui sistemi di trasformazione familiare.

Pertanto, le famiglie utilizzerebbero i beni acquisiti per aumentare la precedente debolezza e assumerebbero metodologie di lavoro irreversibili per investire risorse in risorse per aumentare la loro capacità di rivelarsi più forti in modo economico. Questo primo modello segue che la comprensione delle tecniche di sopravvivenza e del lavoro degli insediamenti transitori è di vitale importanza per cogliere direttamente l'occasione con programmi di riduzione degli eventi catastrofici. È evidente, secondo questo punto di vista, che le popolazioni sono tenute a fornire dati sulla propria condizione di debolezza ea valutare le stime difensive che assumono. Comunque sia, la maggior parte dei programmi di aiuto sono imposti alle persone che ignorano le loro intuizioni.

Il secondo modello suggerisce di abbracciare una metodologia emotiva che pensi ai discernimenti, ai bisogni e ai vantaggi delle popolazioni e ai gravi limiti a cui vengono scoperte. Questi esami propongono che questo tipo di esplorazione consentirebbe alle popolazioni di base di rappresentare i risultati delle regole che considerano essenziali. In questo modo la metodologia astratta pensa alla cooperazione delle popolazioni di base nell'andare con le scelte riguardanti il loro futuro.

Inoltre, la scrittura del movimento di lavoro considerava il trasferimento come un modo scelto per ridurre la debolezza della famiglia nei confronti della retribuzione, del cibo, del benessere e di altre fragilità umane. Quindi, l'insediamento, che è il risultato essenziale del trasferimento, può influenzare direttamente la capacità della famiglia di essere meno impotente contro gli shock e la versatilità. Si concentra sulla dimostrazione che il movimento è un sistema a livello familiare che consente loro di diffondere la scommessa dei fattori di stress naturali e possibilmente fabbricare limiti versatili. L'esame passato ha mostrato il modo in cui gli insediamenti di viaggiatori potrebbero aiutare le famiglie transitorie e creare reti nelle regioni deboli della Terra raccogliendo fondi di riserva e creando risorse; valorizzazione del lavoro.

Anche gli insediamenti di viaggiatori svilupparono ulteriormente l'accesso al cibo attraverso le stagioni; ottenere nuove informazioni, abilità e risorse, creare, espandere e unire comunità informali tra i distretti; o dare una rete di benessere nel mezzo di eventi climatici oltraggiosi. Pertanto, gli insediamenti che ottengono famiglie vedono l'effetto ambientale, la debolezza e la forza in un modo inaspettato. Possiamo accettare che le famiglie che ottengono trasferimenti di denaro saranno meno rischiose per l'ambiente, non tanto indifese, ma piuttosto più versatili alle catastrofi ecologiche rispetto alle famiglie senza insediamenti. Ci sono due presupposti in questo scritto. Dal punto di vista del pensatore positivo, gli insediamenti dovrebbero aiutare le famiglie nelle metodologie adattative e aspettarsi gli effetti di eventi catastrofici in seguito. In secondo luogo, il punto di vista più preoccupato sostiene che le famiglie che si trasferiscono e inviano insediamenti hanno trascurato di fabbricare solidi sistemi adattativi.

Per quanto riguarda la prova osservativa, gli studi hanno argomentato che gli insediamenti aumentano essenzialmente nel mezzo di emergenza monetaria, contese politiche e catastrofi. In questo punto di vista, utilizza l'esame osservazionale per analizzare l'effetto di insediamenti sconosciuti e alcuni fattori diversi (guida, obbligo, risorse umane, espansione e retribuzione non familiari) sull'allentamento del bisogno in 39 nazioni, comprese le nazioni medio-basse, medio-alte, e grandi nazioni salariali. Scoprono che l'espansione del reddito richiede una riduzione dell'indigenza.

In linea di massima, c'è un accordo in via di sviluppo sul fatto che gli insediamenti siano una forte componente ex-presente nell'aiutare le famiglie ad adattarsi e riprendersi dalle debacle. I due esami esatti che svolgono hanno indagato sul ruolo degli insediamenti nelle crisi e nel recupero dalla debacle raccomandano ai viaggiatori di rispondere più rapidamente di quanto la guida mondiale aiuti i propri familiari. Ad esempio, mostra che in Sri Lanka i viaggiatori erano essenzialmente più veloci del governo nel sostenere le loro famiglie nell'ora del torrente del 2004. Allo stesso modo, nel maremoto del 2004, il tempo di recupero dei beneficiari degli insediamenti ad Aceh, in Indonesia, è stato più rapido rispetto ai non beneficiari.

Inoltre, scopri che le famiglie beneficiarie dell'insediamento erano meno deboli dopo il terremoto del Pakistan settentrionale del 2005 rispetto ai non beneficiari.

I beneficiari dell'insediamento potrebbero riparare e ristrutturare le loro case più rapidamente rispetto alle persone che non si sono avvicinate a questi beni.

Inoltre, la revisione presume che gli insediamenti dei viaggiatori abbiano rafforzato la versatilità dei beneficiari quando alcuni non beneficiari hanno rinunciato alle proprie risorse per adattarsi allo shock. In ogni caso, sottolineando la dipendenza dagli insediamenti, prende atto del fatto che nei mesi principali dopo l'ondata del 2004, le famiglie subordinate agli insediamenti sono state sostanzialmente colpite quanto le persone che non hanno ottenuto gli insediamenti nella maggior parte dei rioni non hanno potuto soddisfare le loro esigenze di utilizzo quotidiano. Questa percezione mostra che l'impatto degli insediamenti dei viaggiatori sulla debolezza non è omogeneo tra i beneficiari. Si basa sul livello di dipendenza e, successivamente, cambierebbe a partire da un paese e poi nel successivo. Più le amministrazioni statali collaborano con le organizzazioni attraverso le quali vengono effettuati gli accordi, più critico sarebbe l'impatto più scoperto.